普通高等教育“十四五”规划教材

JIACHU YUZHONGXUE
SHIYAN ZHIDAO

家畜育种学实验指导

于向春　王志英　刘志红
主编

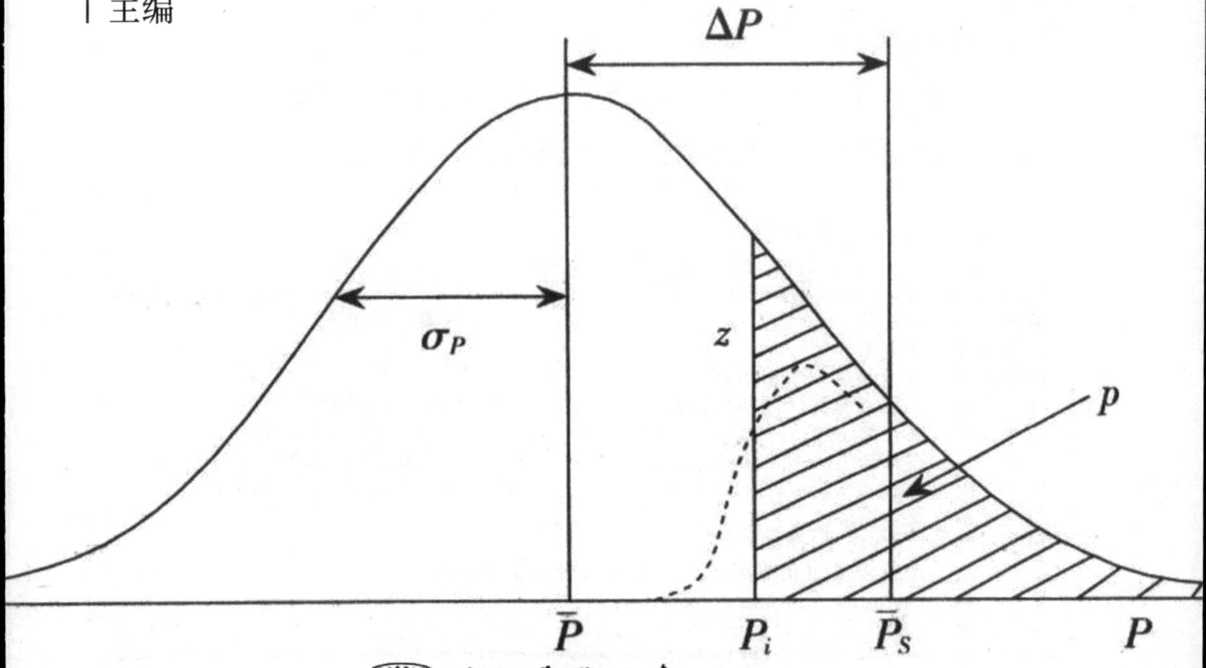

中国農業大學出版社
China Agricultural University Press
·北京·

内容简介

习近平总书记在党的二十大报告中强调，“实施科教兴国战略，强化现代化建设人才支撑”，并指出“深化教育领域综合改革，加强教材建设和管理，完善学校管理和教育评价体系，健全学校家庭社会育人机制。”根据习近平总书记关于教材工作的重要指示，以及海南大学 2022 年教材工作会议的相关要求，全面推进教材建设工作，不断提高教材建设水平，充分发挥教材在人才培养中的基础性作用；结合动物科学专业实际，我们组织编写了《家畜育种学实验指导》一书。

《家畜育种学实验指导》一书，将基础育种理论与计算分析方法并重，把基础理论内容所涉及的概率论、线性代数、群体遗传学、生物统计学、数量遗传学和家畜育种学等知识有机地结合到一起。本书对于家畜育种理论和方法，特别是基础理论中的通径系数及其应用，以及较复杂的相关计算公式（包括矩阵运算等），均有详细的论证和说明，并附有一些重要公式的推导过程；对通径图的应用和相关公式的来源做到了“内容上连贯，逻辑上清晰”，能够让学生“知其然，也知其所以然”，这是本书的最大特色之一。

本指导书基本包含了家畜常规育种数据计算和分析的全部内容。通过学习本指导书，学生能够正确应用统计分析软件计算三大遗传参数（重复力、遗传力和遗传相关）、综合选择指数、预测种畜的育种值，以及群体或个体近交系数、不同个体间亲缘系数等。

本指导书可供动物科学本科专业的学生作为实验课教材使用，也可供相关教学和科研人员参考和借鉴。

图书在版编目（CIP）数据

家畜育种学实验指导/于向春，王志英，刘志红主编．--北京：中国农业大学出版社，2023．3

ISBN 978-7-5655-2927-6

Ⅰ．①家…　Ⅱ．①于…②王…③刘…　Ⅲ．①家畜育种-实验　Ⅳ．①S82-33

中国国家版本馆 CIP 数据核字（2023）第 014567 号

书　　名　家畜育种学实验指导
作　　者　于向春　王志英　刘志红　主编

策划编辑　梁爱荣　　**责任编辑**　何美文
封面设计　李尘工作室
出版发行　中国农业大学出版社
社　　址　北京市海淀区圆明园西路 2 号　　**邮政编码**　100193
电　　话　发行部 010-62733489，1190　　读者服务部 010-62732336
编辑部 010-62732617，2618　　出　版　部 010-62733440
网　　址　http://www.caupress.cn　　**E-mail**　cbsszs@cau.edu.cn
经　　销　新华书店
印　　刷　运河（唐山）印务有限公司
版　　次　2023 年 5 月第 1 版　　2023 年 5 月第 1 次印刷
规　　格　170 mm×228 mm　　16 开本　　10.5 印张　　195 千字
定　　价　30.00 元

图书如有质量问题本社发行部负责调换

编审人员

主　编　于向春（海南大学）

王志英（内蒙古农业大学）

刘志红（内蒙古农业大学）

副主编　肖　倩（海南大学）

赵　静（河套学院）

王瑞军（内蒙古农业大学）

乌尼尔夫（内蒙古农业大学）

蔡　瑞（西北农林科技大学）

张燕军（内蒙古农业大学）

苏　蕊（内蒙古农业大学）

参　编（排名不分先后）

魏泽辉（西北农林科技大学）

丽　春（内蒙古民族大学）

乔　贤（河北科技师范学院）

范一星（沈阳农业大学）

荣博涵（东北农业大学）

谢遇春（河北科技师范学院）

张　涛（内蒙古农业大学）

那　威（海南大学）

谭　振（海南大学）

罗　瑛（海南大学）

尚方正（内蒙古农业大学）

严晓春（内蒙古农业大学）

主　审　陈瑶生

序

近些年来，伴随着动物分子数量遗传学、动物功能基因组学和动物分子育种技术等的显著进展，家畜育种的理论和实践也得到逐步完善和提高，家畜常规育种方法已从一般的表型或表型值选择发展到利用 BLUP 法预测育种值进行选种，这为近半个世纪来的家畜遗传改良和动物生产做出了巨大贡献。

《家畜育种学实验指导》一书主要讲解的内容，是“家畜育种学”理论课中所要求必须掌握的基础性知识和计算类知识，特别是一些重要的计算公式（比如矩阵运算等），书中均有详细的论证和说明，并附有相关公式的推导过程。这些内容涉及概率论、线性代数、群体遗传学、生物统计学、数量遗传学等前期学习过的知识，因此需要把相关知识融会贯通，有机地与家畜育种理论结合起来。该指导书做到了“内容上连贯，逻辑上清晰”，能够让学生“知其然，也知其所以然”，这是本书的特色。

该实验指导书由全国八所农业院校动物遗传育种与繁殖专业的教师们共同编写，他（她）们长期从事家畜育种学的教学和科研工作。相信这本实验指导书的出版，不论是对编写者本人育种理论知识的提高、对家畜育种工作认识的升华，还是对动物科学专业学生的实践操作、综合分析和解决实际问题能力的提高等方面都大有裨益。

值此实验指导书出版之际，我欣然为之作序，期待更多的从事“家畜育种学”课程教学的同行以及动物科学专业的学生们因《家畜育种学实验指导》一书受益！

内蒙古农业大学　教授

2022 年 10 月

前　言

党的二十大精神明确，学校作为人才培养的主阵地，必须坚持社会主义办学方向，为党育人，为国育才，课程教材必须旗帜鲜明地体现党和国家的意志，体现马克思主义中国化的最新成果，解决好培养什么人，怎样培养人，为谁培养人这一根本问题。

"家畜育种学"课程是涉农院校动物科学本科专业的主干课程之一。随着高校课程教学改革的进行，原来的家畜育种学课内实验已转变为一门独立实验课，一般设置 16 学时、0.5 学分。这就要求任课教师选择合适的实验教材，即教材内容不必过多，但需是家畜育种理论课中所要求必须掌握的计算类知识，以便与理论课内容有更好的衔接，并且能够帮助学生完成实验课的学习目标，以期达到提高动物科学专业人才培养质量的效果。为此，我们组织编写了《家畜育种学实验指导》一书。

本书内容有家畜品种的分类、识别和利用，家畜的摄影和摄像以及家畜体尺和体重的测量等基础性知识；生长发育的计算与生长曲线的绘制，基因频率和基因型频率的计算，数量性状选择进展的评价，近交系数和亲缘系数的计算，杂交后代杂种优势的度量等育种中的常规计算内容；还有为进行遗传评定所需要的三个基本遗传参数的估计，多性状综合选择指数等较难和复杂的计算内容，当然也有目前生产实践选种中普遍应用的 BLUP 法。总体上，本指导书基本包含了家畜常规育种数据计算和分析的全部内容。在使用本实验指导书时，不同院校的任课教师可根据各自学校所要求的实际情况，从全部 14 个实验中选择 5～8 个实验内容来讲解，大体上可以完成该门实验课的教学目标。选择本书作为实验课教材的学生，需对线性代数、生物统计学，以及一部分群体遗传学和数量遗传学知识有一定的了解，才能读懂弄通本书中一些稍复杂的计算公式的推导过程，以此可加深对家畜育种原理和方法的理解。

参与编写本书的老师们来自国内八所高校，且都是奋斗在一线讲台的年轻骨干教师。在编写工作中，从制订编写提纲、组织素材、打印文字、作表制图、安排内容结构、核对校稿以及封面设计等进行分工协作，因参与编写的人数有 22 人之多，限于篇幅，在此不一一罗列。

本指导书有“内容上连贯，逻辑上清晰”的特点，主要用作动物科学本科专业学生的实验课教材，也可供畜牧学专业的研究生了解育种值预测的 BLUP 法等内容，以及相关教学和科研人员参考和借鉴。

内蒙古农业大学的赵艳红教授，以及海南大学的满初日嘎高级实验师、陈思博士、张俊萍老师在实验教材编写过程中都提供了诸多支持和帮助，在此表示感谢！

在编写本教材时，李金泉教授和陈瑶生教授都对书稿进行了仔细阅读，并就全书内容以及结构设计提出了宝贵意见和建议。在此，谨向关心和支持本书编写的前辈们致以崇高的敬意和衷心的感谢！

诚挚感谢中国农业大学出版社的策划编辑梁爱荣老师、责任编辑何美文老师对出版本书所做的辛勤付出，以及出版社的通力协作！

本指导书能够顺利出版，得到了以下教学和科研项目的资助：内蒙古自治区高等学校“青年科技英才支持计划”（NJYT22038）；内蒙古自治区科技攻关项目（2021GG0086）；国家重点研发计划（2021YFD1200901）；内蒙古自治区科技重大专项（2020ZD0004）；海南省自然科学基金项目（2019RC034）；中央高校基本科研业务费专项资金（2452021128）。

限于编者水平，书中难免出现错误和纰漏，望同行专家和读者批评指正！

编者

2022 年 10 月

目 录

实验 1　家畜品种的分类、识别和利用

1.1　实验目的与内容

1.1.1　实验目的

熟悉不同家畜品种的分类方法；了解我国的地方品种、培育品种以及著名的引进品种的原产地、品种特征和生产性能等信息；利用教学基地和养殖场条件，通过实地参观考察和实习来识别不同家畜品种；进一步了解家畜品种在实际动物生产中的利用情况。

1.1.2　实验内容

家畜、物种（种）、品种和品系的基本概念；家畜品种的分类方法；识别国内外著名的家畜品种等。

1.2　实验原理与方法

1.2.1　实验器材

动物挂图、动物模型、幻灯片和多媒体；教学实习基地和规模化养殖场。

1.2.2　原理与方法

1.2.2.1　家畜、物种（种）、品种和品系的基本概念

家畜的现代定义是指在人工饲养的条件下，能正常繁殖的动物群体及其后代。意即家畜包括了哺乳类和鸟类中被驯化的动物。

自然界生物的主要分类单位是界、门、纲、目、科、属、种。种是物种的简称，是具有一定形态、生理特征和自然分布区域的生物类群。种是生物分类系统的基本单位。

品种在畜牧学上的定义是指具有一定的经济价值，主要性状的遗传性比较一致的家养动物群体。一个家畜品种应该具备来源相同、性状及适应性相似、遗传性稳定、具有一定的结构和足够的数量，并被政府或品种协会承认等条件。

品系属品种内的一种结构形式，是一群具有突出优点，并能将其相对稳定地遗传下去的种畜群。品系的类别有单系、群系、近交系、地方品系和专门化品系。

1.2.2.2 家畜品种的分类方法

中国的畜禽遗传资源非常丰富(表 1-1)，主要包括猪、普通牛、瘤牛、水牛、牦牛、大额牛、绵羊、山羊、马、驴、骆驼、兔、梅花鹿、马鹿、水貂、貉、鸡、鸭、鹅和特禽等物种。

表 1-1 中国家畜品种资源状况表

物种	品种总数	地方品种	培育品种及配套系	引入品种及配套系
猪	130	83	39	8
普通牛	80	55	10	15
瘤牛	1	—	—	1
水牛	30	27	—	3
牦牛	20	18	2	—
大额牛	1	1	—	—
绵羊	89	44	32	13
山羊	78	60	12	6
马	58	29	13	16
驴	24	24	—	—
骆驼	5	5	—	—
兔	35	8	14	13
鸡	240	115	85	40
鸭	55	37	10	8
鹅	39	30	3	6
鸽	9	3	2	4
鹌鹑	3	—	1	2
梅花鹿	8	1	7	—
马鹿	5	1	3	1

续表 1-1

物种	品种总数	地方品种	培育品种及配套系	引入品种及配套系
驯鹿	1	1	—	—
羊驼	1	—	—	1
火鸡	5	1	—	4
珍珠鸡	1	—	—	1
雉鸡	5	2	2	1
鹧鸪	1	—	—	1
番鸭	4	1	1	2
绿头鸭	1	—	—	1
鸵鸟	3	—	—	3
鸸鹋	1	—	—	1
水貂	10	—	8	2
银狐	2	—	—	2
北极狐	1	—	—	1
貉	2	1	1	—
合计	948	547	245	156
比例		57.70%	25.84%	16.46%

数据来源:《国家畜禽遗传资源品种名录(2021 年版)》

在畜牧业上,比较常用的家畜品种分类方法主要有三种,即按品种的改良程度、品种体型外貌特征以及品种的主要用途来分类。

(1)根据品种的改良程度

原始品种:也称地方品种或土著品种,是在长期放牧和家养条件下,未经严格的人工选择,饲养管理和繁殖技术水平也不高的情况下形成的品种。地方品种有很强的适应自然的能力,体质健壮,抗病力强。例如:哈萨克马,产自天山北麓、阿尔泰山南麓的广大地区。该品种由于长期受自然选择的影响,在外形上个体较小,体质粗壮结实,皮厚、毛粗、适应性强,遗传稳定,但生产力低。我国的一些地方品种是原始品种经过系统培育而成的,如金华猪、秦川牛、湖羊、狼山鸡和北京鸭等。

培育品种:也称育成品种,是指有明确的育种目标,在遗传育种理论和技术指导下,经过较系统的人工选择过程而培育成的家畜品种。这类品种集中了特定的优良基因,具有较高的种用价值,其产品具有高度的专门化特征和较高的经济价值。这类品种在培育过程中受自然环境的影响较小,但对饲养管理条件要求较高,适应性、抗病力以及抗逆性均不及地方品种。各种专门化的奶牛、肉牛、瘦肉型猪、蛋鸡及肉鸡都属于培育品种，例如中国荷斯坦牛、北京黑猪、上海白猪、新疆细毛羊和新狼山鸡等。

(2)根据品种的体型外貌特征

①按体型大小分类

大型品种：如重挽马；中型品种：如蒙古马；小型品种：如云南矮马。

②按角的有无分类

有角品种：如西门塔尔牛；无角品种：如无角安格斯牛。

③按尾的大小或长短分类

大尾品种：如大尾寒羊；小尾品种：如小尾寒羊；脂尾品种：如乌珠穆沁羊。

④按毛色或羽色分类

白毛或白羽品种：如大白猪、长白猪、白来航鸡；黑毛或黑羽品种：如梅山猪、狼山鸡；花斑或芦花羽品种：如荷斯坦牛、芦花鸡。

⑤根据鸡的蛋壳颜色分类

褐壳品种：如寿光鸡；白壳品种：如白来航鸡；绿壳品种：如长顺绿壳蛋鸡。

⑥根据骆驼的峰数分类

单峰驼：如伊朗单峰驼；双峰驼：如阿拉善双峰驼。

(3)根据品种的主要用途

①生产力专门化的品种——专用品种

乳用牛：如荷斯坦牛、娟姗牛；肉用牛：如海福特牛、短角牛；役用牛：如南阳牛、秦川牛。

重挽马：如俄罗斯马、阿尔登马；乘用马：如纯血马、阿哈-捷金马。

毛用羊：如美利奴羊、阿斯卡尼羊；羔皮用羊：如库车羊、卡拉库尔羊；乳用羊：如萨能羊、成都黄羊。

瘦肉型猪：如杜洛克猪、皮特兰猪；脂肪型猪：如两广小花猪、宁乡猪；鲜肉型猪：如汉普夏猪；腌肉型猪：如金华猪、大河猪。

蛋用鸡：如白来航鸡；肉用鸡：如九斤黄鸡。

②具有综合生产力的品种——兼用品种

牛：乳肉兼用品种，如三河牛、西门塔尔牛；肉役兼用品种，如鲁西黄牛。

羊：毛肉兼用品种，如新疆羊、高加索羊。

马：乘挽兼用品种，如伊犁马、三河马。

猪：肉脂兼用品种，如哈尔滨白猪、民猪。

鸡：肉蛋兼用品种，如澳洲黑鸡、芦花鸡。

1.2.2.3 识别国内外著名的家畜品种

品种的识别可以从畜禽的原产地、外貌特征、生产性能表现和生产用途等多个方面综合区分。表1-2至表1-4列出了我国重要的地方品种(部分)、培育品种以及引入的国外著名品种的主要种质特性。在互联网或手机上,使用搜索工具很容易查询到任意一个家畜品种的上述相关信息,包括公母家畜的彩色图片等。

(1)我国重要的地方品种

表1-2 我国重要的地方品种(部分)

种	品种	原产地	主要特征	生产用途
猪	太湖猪	江浙太湖流域	被毛全黑,繁殖力最强、产仔数最多	肉脂兼用
	民猪	东北三省	被毛全黑,抗寒力强,肉质好	肉脂兼用
	金华猪	浙江	被毛两头乌中间白,肉质好	腌肉型
	荣昌猪	重庆和四川	被毛全白,适应性强,鬃质优良	肉脂兼用
	五指山猪	海南	被毛大部分为黑色或棕色,腹部和四肢内侧为白色;体型小、灵活,体型似鼠、头尖长,俗称"老鼠猪"或"五脚猪"	兼用、实验动物
普通牛	秦川牛	陕西	被毛紫红或红,五大地方良种牛之首	役肉兼用
	蒙古牛	内蒙古	被毛黑或黄,原始品种	兼用
牦牛	九龙牦牛	四川	被毛黑为主,分高大与多毛2个类型、耐寒	兼用
水牛	江汉水牛	湖北	被毛铁青色、青灰色,役用性能好、耐热	兼用
	兴隆水牛	海南	被毛黑色或黑灰色,有"白胸月"和"白袜子"特征;对高温、高湿适应性强,抗病力强	兼用
大额牛	独龙牛	云南	被毛黑色或深褐色,半野生,肉质好	
绵羊	大尾寒羊	山东、河北	被毛全白且同质性好,肉质好,繁殖力强	兼用
	小尾寒羊	河北、山东	被毛全白,生长快,繁殖力强	兼用
	乌珠穆沁羊	内蒙古	被毛白为主,肉脂产量高,尤其是尾脂	兼用

续表 1-2

种	品种	原产地	主要特征	生产用途
山羊	内蒙古绒山羊	内蒙古	被毛全白、丝光强，绒、板皮、裘皮品质好	绒肉兼用
	青山羊	山东	黑白色被毛混生成青色，青花子皮驰名中外	羔皮用
	龙陵黄山羊	云南	被毛黄褐色或红褐色，体型大、易肥，耐热	肉皮兼用
兔	云南花兔	云南	被毛杂，有白、黑、灰等，抗病力强	肉皮兼用
马	西南马	云南、贵州、四川、广西	被毛有骝、栗、黑、青等，体格小	驮乘兼用
鸡	北京油鸡	北京	“三羽”特征：风头、毛腿和胡子嘴，肉鲜美	肉蛋兼用
	寿光鸡	山东	羽色全黑，皮肤白色	蛋肉兼用
	丝羽乌骨鸡	江西、福建	“十全”特征：桑葚冠、缨头、绿耳、胡须、丝羽、五爪、毛脚、乌皮、乌骨、乌肉	药用、观赏
	藏鸡	西藏	体型小，善飞，好斗，极耐粗饲，抗病力强	肉蛋兼用
	茶花鸡	云南	适应性强，体型矮小，活泼好斗，肉质鲜美	肉蛋兼用
	亳州斗鸡	安徽	羽毛薄，颈粗大，胸宽厚，斗性强，斗技高	玩赏型
鸭	北京鸭	北京	羽色全白，外观硕大美丽，“北京烤鸭”	肉蛋兼用
	荆江麻鸭	湖北	头部清秀，产蛋能力强	蛋用
鹅	狮头鹅	广东	头部前额肉瘤发达，形似狮头，生长快	肉用
	豁眼鹅	东北三省	羽毛全白，上眼睑有一疤状豁口，繁殖力强	蛋用

2021 年，国家畜禽遗传资源委员会修订了《国家畜禽遗传资源品种名录》，收录地方品种、培育品种和引入品种及配套系 948 个。该名录中的地方品种全部为原产于我国的、珍稀或亟须保护的畜禽遗传资源，具体见附录 1。

(2)我国主要的培育品种

表 1-3 我国主要的培育品种(部分)

种	品种	原产地	主要特征	生产用途
猪	上海白猪	上海	被毛全白,瘦肉率高,生长快,产仔数多	肉脂兼用
	北京黑猪	北京	被毛全黑,体型较大,生长快	肉脂兼用
	三江白猪	黑龙江	被毛全白,饲料利用率高,瘦肉率高	瘦肉型
	东北花猪	黑龙江	被毛黑白相间,适应性强,生长快	肉脂兼用
普通牛	中国荷斯坦牛	各大中城市	被毛黑白花片,适应性强,产奶量高	乳用
	草原红牛	内蒙古、河北	被毛紫红色为主,适应性强,耐热抗寒	肉乳兼用
	三河牛	内蒙古	被毛红白花片,中国培育的第一个乳肉兼用品种,耐寒、耐粗饲,易放牧	乳肉兼用
	中国西门塔尔牛	吉林、内蒙古	被毛褐色,适应性强,耐高寒,寿命长	乳肉兼用
绵羊	新疆细毛羊	新疆	毛肉兼用的细毛羊品种	兼用
鸡	农大褐蛋鸡	北京	白羽,属农大 3 号节粮小型蛋鸡农大褐系	蛋用
鸭	天府肉鸭配套系	四川	分白羽系、褐麻羽系,生长快	肉用

(3)引入的国外著名品种

表 1-4 我国引入的国外著名品种(部分)

种	品种	原产地	主要特征	生产用途
猪	大白猪	英国	被毛全白,适应性好,瘦肉率高,但蹄腿弱	肉用
	长白猪	丹麦	被毛全白,生长快,瘦肉率高,但体质弱	肉用
	杜洛克猪	美国	被毛红色,肉质好,但繁殖率较低	肉用
	皮特兰猪	比利时	背膘薄,瘦肉率较高,但抗逆性差	肉用

续表 1-4

种	品种	原产地	主要特征	生产用途
普通牛	荷斯坦牛	荷兰、德国	被毛黑白花片，产奶量最高的牛品种，属世界第一大牛品种	乳用
	娟姗牛	英国	被毛黄、红，乳脂率较高	乳用
	皮埃蒙特牛	意大利	被毛白晕色，瘦肉率高，但易发生难产	肉用
	西门塔尔牛	瑞士	被毛红白花、黄白花，产肉、产奶均较高，属世界第二大牛品种	乳肉兼用
瘤牛	婆罗门牛	印度	被毛杂，有灰、红等色，耐热，抗病力强	肉用
水牛	印度魔拉水牛	印度	被毛青黑色，耐热，适应性强，产奶性能好	乳肉兼用
绵羊	澳洲美利奴羊	澳大利亚	被毛全白，适应性强，毛密度大，光泽度好	毛用
	夏洛来羊	法国	被毛白色，体躯圆筒状，产羔率高，生长快	肉用
山羊	安哥拉山羊	土耳其	被毛白色，体型小，生产著名的“马海毛”	毛用
	萨能奶山羊	瑞士	被毛全白，产奶量高	乳用
鸡	白洛克鸡	美国	羽毛全白，生长快，体型大，饲料利用率高	肉用
	白来航鸡	意大利	羽毛全白，体轻巧，产蛋量高	蛋用
马	纯血马	英国	被毛黄栗色，棱角分明，线条清晰，轮廓流畅，速度飞快，被称为“活的艺术品”	竞技
鹅	朗德鹅	法国	脖颈粗短而直，易于填喂生产肥肝	肥肝用

1.3 实验作业与思考

1. 详细列出你所在省份(或自治区)中，被列入《国家畜禽遗传资源品种名录》的家畜品种。目前的利用状况如何?

2. 查阅资料，列出至少两个国外引进家畜品种的外貌特征、生产性能、经济类型等主要种质特性，以及其开发利用情况。

3. 任何一个品种，不论其如何分类与识别，归根结底都需要在生产实践中被利用才能体现出该品种的价值。因此，整个动物生产实践各环节中，哪些是主要环节？哪些是次要环节？有机、辩证地思考这些问题。

实验 2　家畜的摄影和摄像

2.1　实验目的与内容

2.1.1　实验目的

了解家畜摄影和摄像的基本要求，初步掌握家畜的摄影和摄像技术。

2.1.2　实验内容

家畜摄影和摄像需重视动物的生态和行为的真实性，拍摄的内容力求详尽。如果拍摄的照片或影像与家畜实体有很大出入，也就失去了科学上的意义；再者，摄像视频只是一般性视频素材，是原始素材，不需配音、剪辑等任何加工，仅作为历史资料存档。照片或视频主要反映该品种分布地的生态环境、品种特征特性等信息。拍摄视频时，可多拍几个场景，一个场景反映一个主要内容，比如品种特征特性、产地生态环境、特殊饲养方式和特殊产品的加工方式等。

2.2　实验原理与方法

拍摄时，照片要用单反或微单相机拍摄。拍摄家畜个体，一般选择 50～85 mm 焦段的镜头；而拍摄家畜群体，一般用 24 mm 以下的广角甚至超广角镜头。图像像素要在 800 万以上；JPG 格式。

视频能反映家畜所处的自然生态环境、样貌特征、饲养方式等；MP4 格式。

拍摄家畜前应先熟悉和了解家畜，才能拍摄好家畜。要很好地掌握家畜摄影技术，拍摄时应注意以下几点。

2.2.1 场地

要想正确显示家畜的外貌，拍摄地点最好选在室外，空旷的平坦场地，尽可能不在墙边角落或高大建筑物前。

2.2.2 背景

背景应力求简洁宁静，朴实无华。总之，以明显表露家畜的外形轮廓为原则。为了在照片上能显示家畜体格的大小，可将一块划有方格的标尺布放在后面作为背景。

2.2.3 时间

摄影最好是在晴天，一般以上午 9—11 时和下午 3—6 时为最好。这段时间内的光线最均匀，阳光从照相机右方或左方大约 45°角射向家畜的时候，能更好地显示其形态。总之，时间选择主要取决于光线的强弱及其均匀情况。夏季中午强烈阳光下拍出来的照片，往往明暗相差太大，有可能歪曲家畜的外貌。

2.2.4 姿态

摄影中必须使家畜处于安静的状态，并保持正确的姿势。要求家畜个体四肢直立，四肢姿势正确，不要前倾后斜；头颈不低垂，也不上翘，保有良好精气神；尾应向下垂直。但有时为了更好显露重要部位，比如乳牛的乳房，则可有意使左后肢稍微后斜一些。

2.2.5 距离

镜头应避免与畜体距离过近或过远。因家畜个体是立体的，摄影距离不宜过近。过远会使家畜的外形轮廓模糊，同样应该避免。当拍摄侧面像时，镜头距离应相当于家畜体长的 3 倍；如果拍摄正面像，则镜头和头部的距离，应相当于家畜体高的 4 倍。

2.2.6 位置

将镜头对准家畜体躯的中部，在照片上才能正确地反映家畜的外表。不要仰拍、俯拍和斜拍。若从侧面仰拍时，由于镜头距离四肢较近，距离头躯较远，在照片上的四肢要比实际的长，而躯干相对变短。俯拍又将得到完全相反的结果。一般在拍摄牛、马等大家畜时，容易造成仰拍，拍摄猪、羊等小家畜时则容易产生俯拍。

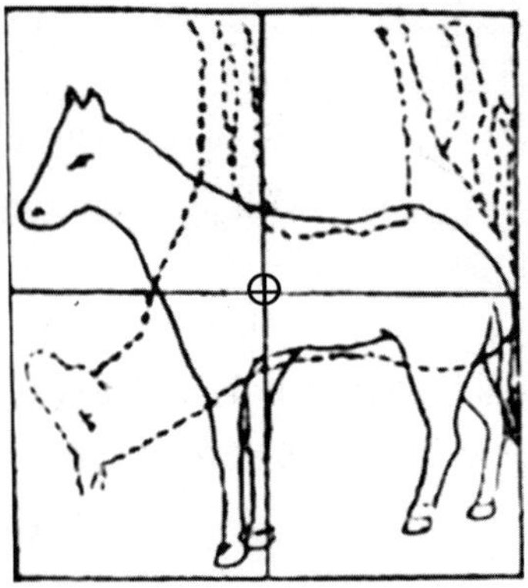

图 2-1 家畜摄影焦点示意图

拍摄家畜时通常是从侧面摄取其全貌,有时也可从正前方或后方,分别拍摄其头部和后躯。此外,还可拍摄各个部位的外形特征,注意事项同上。当拍摄家畜的侧面像时,镜头位置应对准由肩胛后缘至地面所作的垂直线,和由肩端至臀端所作的水平线交叉的中点,具体位置即图 2-1 的圆圈所在处。因为家畜都是近似长方形的,所以如果镜头距离头部近而距离后躯远,反映在照片上就必然是头部和前躯大、后躯小,体躯变短的成像。反之,则反映在照片上必然是后肢显长、后躯发达,前躯和前肢变得矮、短,头也变小的成像。

2.2.7 曝光量

正确地计算曝光量,应考虑到季节和时间,与被摄对象的距离、动作、速度和对光线的反射能力等因素。曝光的强弱,取决于光圈的大小、快门速度和 ISO 值。在实践中为了能较快掌握摄影技术,可利用下列简单方法来确定光圈和快门速度。

2.2.7.1 光圈

光圈主要影响进光量和景深两个方面。光圈越小,单位时间进光量越少;光圈越大,单位时间进光量越多。根据天气条件和具体情况,把光线及摄影对象分别划分为 4 类,如表 2-1 所示。

表 2-1 光线及摄影对象分类

类别	光线	摄影对象
1	漫天乌云遮盖,很阴暗	处在深暗的阴影里,或在稠密的树荫下
2	太阳被浮云所遮	局部的阴影里,如街道、公园、建筑物全景等
3	晴天白日,千里无云	空旷之处,如田间劳动、运动会等
4	明亮的晴天,有白云	具有很大的反射力,如云彩、蓄水库、麦田等

根据表 2-1,只要把摄影时的光线条件和摄影对象的类别数字相乘,即可得到所要确定的光圈系数。例如无云的天气在草地上放牧,那么光线和摄影对象的类别都是 3,3×3=9,就是光圈系数。但这个数字在光圈表上没有,就不妨把它放在 8.0 或 11 的光圈上。如果是在阴天草地上放牧,把相应的类别数字相乘,应是 1×3=3,但光圈表上同样没有这个数字,这就可把它放在附近的 2.8 或 4.0 光圈上。

多数相机通用的光圈系数是:1.0、1.4、2.0、2.8、4.0、5.6、8.0、11、16、22、32、44、64。数码相机常用的是 2.8～11。光圈系数越小,实际光圈就越大,通光量也越大;反之,系数越大,光圈就越小,通光量也越小。

光圈大小会影响景深。大光圈,景深差,背景虚化;小光圈,景深好,背景比较清晰。

2.2.7.2　快门

快门影响进光量和画面动态效果。利用好快门,可以清晰地拍摄到运动的家畜。快门速度代表拍照的曝光时间,常见的快门速度有 1、1/2/、1/4、1/8、1/15、1/30、1/60、1/125、1/250、1/500、1/1000、1/2000 等。确定光圈后,还要看天气和拍摄对象,才能决定快门的速度。以上 4 类光线的快门速度如表 2-2 所示。

表 2-2　快门速度　　s

光线类别	一般情况	在阳光下	在阴影里
1	1/20～1/60	—	—
2	1/60～1/100	—	—
3	—	1/100～1/200	1/50～1/60
4	—	1/200～1/500	1/60

快门速度低,拍摄运动的家畜越模糊;快门速度高,拍摄运动的家畜越清晰。

要控制曝光量,必须控制好光圈和快门速度。例如,当要求很高的速度时,光圈就应适当放大些。拍摄畜体照片,快门速度一般都用 1/50 s。如为了抢拍赛马照片,则快门速度宜用 1/100～1/200 s。

2.2.7.3　ISO

ISO 即感光度,帮助提高照片亮度,其影响光线的敏感度、噪点。常见 ISO 值包括 100、200、400、800、1600、3200、6400、12800、25600 等,数字越大,ISO 越高,照片越亮。但是随着 ISO 值的提高,噪点会增多。低感光度(ISO 值在 800 以内)画质比较细腻;中感光度(ISO 值在 800～6400)画面有明显噪点;高感光度(ISO 值在 6400 以上)主要用于在昏暗的地方拍摄。

学会摄影不是一件困难的事,但要真正熟练地掌握,拍出清晰而又理想的照片也不容易。成功的秘诀是保持相机整洁,仔细保护镜头,准确测对焦距,控制好曝光时间,正确选择和处理画面结构等。这是一个不断学习、实践、总结和提高的过程。

初学拍摄家畜照片时,要沉着冷静,避免任何能使家畜惊动的外界刺激,只要能对好焦距,保证景象清晰,调节好光圈和快门速度,双手拿稳相机,轻按快门,就可使拍摄获得初步成功。

2.3 实验作业与思考

1.每小组准备数码照相机一部，进行家畜拍照。每位同学可任选家畜的侧面或正面拍摄照片两张，并将所用光圈、快门速度等项，详细填入表2-3，结合图片效果对自己所拍照片的优缺点、成功的条件或失败的原因进行分析。

表2-3 摄影记录

日期	编号	时间	题材	光线	光圈	快门速度	距离	ISO	备注

2.家畜的照片或影像资料，尤其是种用个体的，在系谱审查中有着重要作用。通过查阅系谱，大体可了解到个体的体型外貌、生产性能以及生态环境条件等。

实验3 家畜体尺和体重的测量

3.1 实验目的与内容

3.1.1 实验目的

掌握家畜各体尺数据的测量方法;掌握家畜各体重数据的测量方法。

3.1.2 实验内容

家畜体尺和体重等主要指标的测量。

3.2 实验原理与方法

3.2.1 实验器材

测杖、卷尺、圆形测定器、移动磅秤或地磅;学校基地或合作牧场的猪、牛和羊等家畜。

3.2.2 实验原理

体尺测量即家畜某一部位的长或宽的度量,它不仅能反映机体某一部位和整体的大小,而且能反映各部位和整体的发育情况。体尺测量可以估计内部器官的发育是否正常良好,从而检验饲养管理等技术措施的好坏,进而制订改进方案。每个品种或品系的家畜在体尺上都有一定的要求,代表其品种特征。因此,在育种工作中,同生产性能的测定结果一样。体尺也是选种与鉴定品种特征的一个指标。在不同的生长发育阶段,家畜各部位的发育是不平衡的,其体尺也就具有各自的特点。外貌和生产性能是相关的，在一定程度上，体尺测量是外貌的量化，由此可估测家畜的生产性能。

在家畜养殖过程中，要时刻考察家畜的体重变化，以此判断养殖环境是否达标、饲养管理好坏、饲料转化率和生长发育是否良好。由于家畜生长具有周期性，其生长的每个阶段都有具体的体尺和体重范围，根据体尺和体重数据可以判断动物生长发育的各项指标是否正常、检查出家畜可能存在疾病以及发育不良等状况，从而及时解决病症，养殖场和养殖户也可以适当地调整饲养管理方案。

3.2.3 实验方法

3.2.3.1 体尺测量

牛的体尺测量如图 3-1 所示。

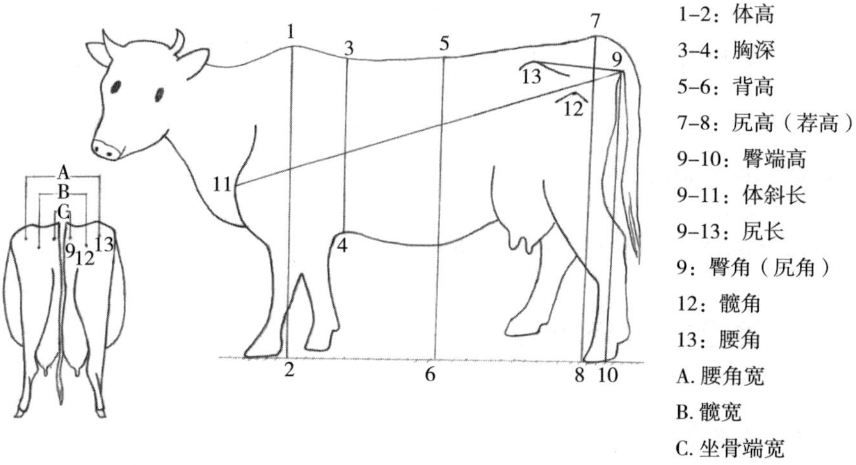

图 3-1 牛的体尺测量示意图

家畜体表各部位，不论是长度、宽度、高度和角度，凡用数字表示其大小者均称为体尺。体尺种类很多，测量多少可根据具体目的和畜种而定。一般生产中多测量体高、体长、胸围和管围 4 项，但若做研究需测量的指标更多，具体如下。

(1)体高(鬐甲高)：鬐甲顶点至地面的垂直距离。将测杖主尺垂直立于家畜左前肢附近，再将上端横尺平放于鬐甲的最高点，横尺与主尺须成直角，即可读出主尺上的刻度。

(2)背高：用测杖测量背部最低点至地面的垂直距离。

(3)尻高(荐高)：用测杖测量荐骨的最高点到地面的垂直距离。

(4)臀端高(坐骨端高)：用测杖测量坐骨结节上缘到地面的垂直距离。

(5)前肢高：对马来说，前肢高是用测杖量取肘端上缘至地面的垂直距离。也可用鬐甲高减去胸深来表示，但必须加以注明。

(6)体长(体斜长)：肩端前缘到臀端后缘的直线距离。用测杖和卷尺均可测量，前者测得数值比后者略小一些，故应注明所用量具。对猪来说，体长即身长，是用卷尺量取两耳连线中点到尾根的水平距离。

(7)头长：用卷尺或圆形测定器测量额顶至鼻镜上缘(牛等)或鼻端(马)的直线距离。

(8)颈长：用卷尺量取由枕骨脊中点到肩胛前缘下 1/3 处的距离。

(9)尻长：用测杖或圆形测定器量取腰角前缘到坐骨结节后缘的直线距离。

(10)胸宽：用测杖的两横尺夹住两侧肩胛后缘下面的胸部最宽处，便可读出其宽度。

(11)额宽：有两种测量方法，较多测量的是最大额宽。

①最大额宽：用测杖或圆形测定器量取两侧眼眶外缘间的直线距离。

②最小额宽：用测杖或圆形测定器量取两侧颞颥外缘间的直线距离。

(12)腰角宽：用测杖或圆形测定器量取两侧腰角外缘间的水平距离。

(13)臀端宽(坐骨结节宽)：用圆形测定器量取两侧坐骨结节外缘间的距离。

(14)胸深：用测杖量取鬐甲至胸骨下缘的垂直距离。测量时将测杖倒转，沿肩胛后缘的垂直切线，用上下两横尺夹住背线和胸骨下缘，并使之保持垂直位置。

(15)头深：用圆形测定器量取两眼内角连线中点到下腭下缘的垂直距离。

(16)胸围：用卷尺量取肩胛后缘处的胸部周径。

(17)腹围：用卷尺量取腹部最大处的周径，较多用于测量猪。

(18)管围：用卷尺量取管部最细处的水平周径，其位置一般在掌骨的上1/3处。

(19)腿臀围(半臀围)：用卷尺由左侧后膝前缘突起，绕经两股后面，至右侧后膝前缘突起的水平半周。

3.2.3.2　体重测量

测量体重应在早晨家畜空腹的情况下进行。称重的具体项目有生长发育期各阶段体重指标：初生重、6 月龄体重、12 月龄体重、18 月龄体重、24 月龄体重等，以及由此推算的平均日增重等。

校正体重：通常测定个体的实测月龄不完全正好达到某月龄的称重。为便于比较，通常需对实测体重加以校正。包括校正断奶重、校正 6 月龄体重和校正 12 月龄体重等。

仔猪 21 日龄窝重可代替断奶窝重，校正公式为：

校正 21 日龄窝重(kg)＝实际断奶窝重(kg)×[2.218－0.0811×断奶日龄(d)

+0.0011×断奶日龄(d)]

校正6月龄体重的公式为：

$$校正6月龄体重(kg)=\frac{实际体重(kg)-初生重(kg)}{实际日龄(d)}\times 180(d)+初生重(kg)$$

校正12月龄体重的公式为：

$$校正12月龄体重(kg)=\frac{实际体重(kg)-实际6月龄体重(kg)}{实际日龄(d)}\times 185(d)+校正6月龄体重(kg)$$

3.2.3.3 屠宰测定的主要指标

(1)宰前活重：宰前绝食24 h后的活重。

(2)净体重：放血后除去胃肠和膀胱内容物后的体重。

(3)胴体重：放血后除去头、尾、皮、四肢和内脏外的躯体重量。在国内，胴体重包括肾脏及肾周围脂肪重。

(4)屠体重：屠宰后去羽毛的体重(湿拔毛法时需沥干水分)。

(5)半净膛重：屠体除去气管、食道、嗉囊、肠、脾、胰和生殖器官，留心、肝、肾、腺胃、肌胃和腹脂的重量。

(6)全净膛重：半净膛重去心、肝、肾、腺胃、肌胃、腹脂和头脚的重量。

3.2.3.4 注意事项

①测量之前要检查和校正测量工具的准确性。

②接触家畜应胆大心细、态度温和，从家畜的左前方接触，切忌从后方突然接近。

③被测家畜端正地站立于宽敞平坦的场地。四肢直立，头自然前伸，头部不能偏高或偏低。姿势需正常，若姿势不正，可使其前进或后退以调整。

④测量的部位起止点务必正确，读数要准，动作要迅速；一般要求每个数据测定两次，然后取其平均值。

⑤测量时注意测定器具的松紧程度，使其紧贴体表，不能悬空量取。

3.3 实验作业与思考

1. 对校内外实习基地饲养的猪、牛和羊，各选择10个体尺指标进行测量，并对测量结果进行记录。

2. 要深刻理解家畜的体尺和体重等各项指标测得的数据对家畜育种工作的重要意义。

实验 4　生长发育的计算与生长曲线的绘制

4.1　实验目的与内容

4.1.1　实验目的

熟悉几种生长发育指标的计算方法；掌握几种生长曲线的绘制方法。

4.1.2　实验内容

计算绝对生长、相对生长、生长系数和分化生长等指标；绘制生长曲线。

4.2　实验原理与方法

4.2.1　计算生长发育指标

(1)绝对生长：是利用一定时期内的平均日增重(g/d)来表示家畜的生长速度。其公式：

$$G=\frac{W_1-W_0}{t_1-t_0}$$

例如，一头中国荷斯坦犊牛，初生重为 40 kg，一个月后增到 55 kg，代入公式 $\frac{55-40}{30}=0.5$(kg)，得出该犊牛的日增重为 500 g。

(2)相对生长：是利用一定时期内的增长量与原来体重相比，来表示家畜的生长强度。其公式：

$$R=\frac{W_1-W_0}{W_0}\times100\%$$

例如上述犊牛，在出生后最初一个月中的相对生长，按公式计算应为：

$$R=\frac{55-40}{40}\times100\%=37.5\%$$

(3)生长系数：也是说明生长强度的一个指标，利用末重与始重(一般习惯以初生时的重量为基准)直接相比，单位可用百分数或直接用倍数。其公式：

$$C=\frac{W_1}{W_0}\times100\%$$

如果为了进一步研究个别组织器官生长和全部组织器官生长之间的关系，此时可通过相对生长系数的计算来说明：

$$相对生长系数=\frac{(C)个别器官的生长系数}{(C')全部器官的生长系数}\times100\%$$

例如，来航鸡 1 周龄时其心脏重为 0.515 g，全部器官的总重为 9.916 g。5 周龄时，其心脏重为 1.515 g，全部器官的总重为 32.62 g，则有：

心脏生长系数$(C)=\frac{1.515}{0.515}=2.94$

全部器官生长系数$(C')=\frac{32.62}{9.916}=3.29$

所以，相对生长系数$=\frac{2.94}{3.29}\times100\%=89\%$

说明来航鸡在 5 周龄时，其心脏增加重量为初生时的 2.94 倍，而与全部器官的同期增重相比，其相对生长系数为 89%。

(4)分化生长：也称相关生长或异速生长，是指家畜个别部分和整体相对生长间的相互关系。其公式：

$$y=bx^a$$

例：牛前肢骨骼生长发育资料如表 4-1，求 a。

表 4-1 牛前肢骨骼生长发育资料

年龄	肩胛骨重/g	前肢骨重/g
2.5 月龄	223.4	1729.1
成年	807.3	4120.7

解：$y_1=223.4$ g，$y_2=807.3$ g

$x_1=1729.1-223.4=1505.7$ g

$x_2=4120.7-807.3=3313.4$ g

$$a=\frac{\lg 807.3-\lg 223.4}{\lg 3313.4-\lg 1505.7}=\frac{0.5580}{0.3427}=1.63$$

说明肩胛骨在前肢诸骨中是最晚熟的部位。

4.2.2 生长曲线的绘制

生长曲线是以曲线斜度的大小来形象说明生长速度的快慢和生长强度的高低的。作图时，先绘一直角坐标，横坐标以相等距离作点，表示年龄或月龄。纵坐标也以相等距离作点，分别表示累积生长、绝对生长和相对生长等指标。然后按实际计算结果，在对应于相同年龄与指标数值之处画点。最后将各点相连，即成所要求的曲线。生长曲线分为以下 3 种：

①累积生长曲线，即用各期体重所绘成的曲线。

②绝对生长曲线，常以对称的常态曲线形式出现。

③相对生长曲线，接近于反抛物线形。

作图时应注意的事项如下：

①纵坐标和横坐标最好接近等长，否则将影响曲线的斜度。

②先查明所统计资料的最大数与最小数，而后确定纵坐标的适宜指标大小与分组多少。如果所定指标过小，则曲线会超出图外；相反，指标过大，则曲线只在图中占据一个很小的位置。分组过多，虽可使曲线更加准确，但较麻烦；分组过少，则又使曲线看不出具体变化。以上这些，都将影响制图质量。

③纵坐标上的最低指标，按理都应从 0 开始。但有时资料的最小数很大，如果仍强调从 0 开始，就会显得很不合理。此时可在纵坐标的最下端画一“≈”形符号，再写出自己认为合适的最低指标。

4.3 实验作业与思考

1. 根据表 4-2 资料，依次计算短角公牛各月龄时的绝对生长和相对生长，然后利用此结果，绘出绝对生长、相对生长和累积生长曲线图，并用文字简单说明曲线变化情况。

表 4-2 短角公牛各月龄的体重、日增重和相对生长

月龄	头数	平均体重/kg	日增重/g	相对生长/%	月龄	头数	平均体重/kg	日增重/g	相对生长/%
初生	55	35			9	31	266	811	38
1	25	57			12	20	338	800	27
2	21	82			18	17	446	600	32
3	26	102			24	12	580	745	30.2
4	29	135			36	6	749	470	29.1
5	32	161			48	3	833	233	11.2
6	37	193							

2.家畜的生长发育具有一定的规律性，在不同阶段对不同条件有不同的反应，这是进行家畜培育的理论依据。生产实践中需要针对不同畜种，利用其生长发育的规律，有目的地进行培育。

实验 5 基因频率和基因型频率的计算

5.1 实验目的与内容

5.1.1 实验目的

掌握基因频率和基因型频率的基本概念、计算方法；了解群体遗传平衡定律，即 Hardy-Weinberg 定律；了解影响群体遗传结构的因素。

5.1.2 实验内容

基因频率和基因型频率的计算；Hardy-Weinberg 定律的要点，以及该定律给家畜育种工作带来的启示；影响群体遗传结构的因素。

5.2 实验原理与方法

5.2.1 基本概念

孟德尔群体：是指个体间有交配的可能性、在连续世代间有基因交换的有性繁殖群体。其中的所有基因可看作是一个基因库，群体内的个体一起共享这一基因库资源，相互间可自由地进行基因交流。

基因频率：是指在一个群体中，某一等位基因的数量与占据同一基因座的全部等位基因总数的比例。通常用小写英文字母表示，取值范围在 0～1，一般写成小数的形式。基因频率是群体遗传特性的基本标志。

基因型频率：在二倍体生物群体中，某一基因座的特定基因型占其全部基因型的比例。通常用大写字母表示，取值范围在 0～1，一般也写成小数形式。同一位点的所有基因型的频率总和为1。

5.2.2 Hardy-Weinberg 定律

Hardy-Weinberg 定律即群体遗传平衡定律，该定律的要点是：①在随机交配的大群体中，若没有选择、突变、迁移等因素的作用，基因频率和基因型频率在世代间保持不变。②在任何大群体中，不论初始基因频率如何，只要经过一个世代的随机交配，一对常染色体上的基因就可达到平衡状态，在没有其他因素影响时，其基因频率和基因型频率在以后的连续世代随机交配情况下保持平衡状态。③在平衡状态下，该等位基因的基因频率和基因型频率的关系如下：$D=p^2$；$H=2pq$；$R=q^2$。

例如，在常染色体上，某一基因座位只有一对等位基因A基因和a基因时，A的基因频率可用p来表示，a的基因频率可用q来表示；A和a一共可以形成三种基因型：AA、Aa和aa，这三种基因型频率分别用D、H和R代表，此时$D+H+R=1$。由于AA的基因型频率为D，则其中有$2D$的A基因；Aa基因型频率为H，则其中各有H的A和a基因；aa的基因型频率为R，则其中有$2R$的a基因。因此，该平衡群体中A和a的基因频率可以表示为：

$$p(\mathrm{A})=\frac{2D+H}{(2D+H)+(2R+H)}=D+\frac{H}{2}$$

$$q(\mathrm{a})=\frac{2R+H}{(2D+H)+(2R+H)}=R+\frac{H}{2}$$

5.2.3 影响群体遗传结构的因素

5.2.3.1 选择

群体内个体参与繁殖的机会并不均等，从而导致不同个体对后代的贡献不一致。这种繁殖机会不均等的原因主要有个体适应性和生活力的差异、个体繁殖力不同以及人工选择，前两者是自然选择的主要因素，而人工选择是动物育种改良最重要的手段。

5.2.3.2 突变

突变有多种，如偶发突变，即不能以一定频率重复发生，只是偶然的一次突变；频发突变，即会以一定频率重复发生的突变；反向突变是将a基因突变为A基因。有研究表明：反向突变频率一般是正向突变频率的1/10左右。基因突变会直接引起群体基因频率和基因型频率的改变。

5.2.3.3 迁移

迁移指不同群体间由于个体转移引起的基因流动，它会引起群体遗传结构的改变。产生迁移的原因通常有混群、杂交和引种等。

5.2.3.4 交配方式

平衡群体的交配制度是随机的，但随着人工授精技术等繁殖生物学手段的广泛应用，实际家畜群体中常常出现的是非随机交配。交配方式按照与配双方的表现型分为表型同质交配和表型异质交配，按照与配双方的基因型可分为遗传同型交配和遗传异型交配。不同的交配类型会对群体的基因频率和基因型频率产生影响。

5.2.3.5 遗传漂变

遗传漂变是指从某一代基因库中抽样形成下一代个体的配子时，所发生的随机误差引起的基因频率的变化。即用随机抽样的办法建立小群体时，抽样误差引起的基因频率随机波动的现象。通常不同的抽样方法会导致不同的群体遗传方向改变。

5.2.4 实验方法

例 1：人类 MN 血型由一对等位基因 M 和 N 控制，它们是共显性的，可形成三种基因型 MM、MN 和 NN，其抗原类型分别表现为 M 型、MN 型和 N 型。通过对 69685 个人的抽测，发现 M 型有 21045 人、MN 型有 34378 人、N 型有 14262 人。试估计其基因频率和基因型频率。

本例中，基因型与所测的抗原类型一致，因此这三种基因型频率 D、H 和 R 分别为：

$$D=\frac{21045}{69685}=0.3020$$

$$H=\frac{34378}{69685}=0.4933$$

$$R=\frac{14262}{69685}=0.2047$$

M 的基因频率 p 为：

$$p=D+\frac{1}{2}H=0.3020+\frac{1}{2}\times0.4933=0.5487$$

N 的基因频率 q 为：

$$q=R+\frac{1}{2}H=0.2047+\frac{1}{2}\times 0.4933=0.4513$$

例 2：控制兔的毛色有三个等位基因 C、c^h和 c，C 对后两者显性，并且 c^h对 c 显性，只要有 C 基因就表现为有色，$c^h c^h$和 $c^h c$ 表现为“八点黑”，即喜马拉雅白化（全身白色，但耳、鼻、尾和脚为黑色），cc 为白化（全身白色，眼球粉红）（图 5-1）。据调查，在一随机交配的大兔群中，有色兔占 75%、“八点黑”兔占 9%、白化兔占 16%，试估计该群体中 C、c^h和 c 这三个基因的频率。

图 5-1　不同品种、毛色的兔

注：其中 A 为喜马拉雅兔；B 为加利福尼亚兔；C 为公羊兔。

本例中，在随机交配的大群体中，各种配子随机结合的情况如表 5-1 所示。

表 5-1　各种配子随机结合情况

♂ ♀	**C** **(p_1)**	**c^h** **(p_2)**	**c** **(p_3)**
C **(p_1)**	CC ($p_1 p_1$)	Cc^h ($p_1 p_2$)	Cc ($p_1 p_3$)
c^h **(p_2)**	Cc^h ($p_1 p_2$)	$c^h c^h$ ($p_2 p_2$)	$c^h c$ ($p_2 p_3$)
c **(p_3)**	Cc ($p_1 p_3$)	$c^h c$ ($p_2 p_3$)	cc ($p_3 p_3$)

因此，有：

$$p_1^2+2p_1 p_2+2p_1 p_3=0.75$$
$$p_2^2+2p_2 p_3=0.09$$
$$p_3^2=0.16$$

可得：$p_1=0.5$，$p_2=0.1$，$p_3=0.4$。

5.3 实验作业与思考

1. 人类的 ABO 血型系统由三个等位基因 I^A、I^B 和 I^O 控制。I^A 与 I^B 是共显性的，并且都对 I^O 显性。因此，呈现出四种血型：I^AI^A、I^AI^O 为 A 型血，I^BI^B、I^BI^O 为 B 型血，I^AI^B 为 AB 型血，I^OI^O 为 O 型血。据统计，某人群中 A 型血的比例为 39%、B 型血为 24%、AB 型血为 12%、O 型血为 25%，试估计该群体中 I^A、I^B 和 I^O 三种基因的频率。

2. 结合群体遗传平衡定律，解释家畜育种为什么是一项长期的工作。

实验 6　三个基本遗传参数的估计

6.1　实验目的与内容

6.1.1　实验目的

掌握数量遗传学中的三个基本遗传参数(遗传力、重复力和遗传相关)的概念、估计原理和方法。

6.1.2　实验内容

遗传力的估计、重复力的估计和遗传相关的估计。

6.2　实验原理与方法

6.2.1　遗传力

6.2.1.1　遗传力的概念

遗传力是数量遗传学三个遗传参数中最重要的一个遗传参数,它在育种值估计、选择指数制订、选择反应预测、选择方法比较,以及育种规划中都起着十分重要的作用。在数量遗传学里,学者们从不同角度提出了三种意义上的遗传力概念,即广义遗传力、实现遗传力和狭义遗传力。广义遗传力是指数量性状基因型方差(V_G)占表型方差(V_P)的比例,即 $h^2=V_G/V_P$。实现遗传力是指对数量性状进行选择时,通过在亲代获得的选择效果(S)中,子代能得到的选择反应(R)所占的比值,即 $h^2=R/S$。然而,在实际计算时使用 $R=Sh^2$ 来计算选择反应的情况较多。通常所说的遗传力(h^2)即狭义遗传力,它是指数量性状育种值方差(V_A)占表型方差

(V_P)的比例。根据对数量性状表型值(P)和表型方差(V_P)的剖分，先假设 A 与 D、I 和 E 间均不相关(下同)，可以得到：

$$h^2=\frac{V_A}{V_P}=\frac{V_A}{V_G+V_E}=\frac{V_A}{V_A+V_D+V_I+V_E}=\frac{V_A}{V_A+V_R}$$

6.2.1.2　*遗传力的性质*

遗传力是育种值对表型值的回归系数，即 $h^2=b_{AP}$。证明如下：

$$P=A+D+I+E$$

$$b_{AP}=\mathrm{Cov}_{AP}/\sigma_p^2=\mathrm{Cov}_{A(A+D+I+E)}/\sigma_p^2$$

$$=\mathrm{Cov}_{AA}/\sigma_p^2=V_A/V_P=h^2$$

育种值与表型值之间的相关系数 r_{AP}，等于遗传力的平方根，即 $h=r_{AP}$：

$$r_{AP}=\mathrm{Cov}_{AP}/\sigma_A\sigma_P=\mathrm{Cov}_{A(A+D+I+E)}/\sigma_A\sigma_P$$

$$=\mathrm{Cov}_{AA}/\sigma_A\sigma_P=V_A/\sigma_A\sigma_P=\sigma_A/\sigma_P=h$$

表型方差中任何一个方差分量发生变化，都能导致遗传力的改变。

遗传力是一个群体的遗传参数，是一个统计数值，不是某一个体所具有的特征。个体有育种值、表型值，但个体没有遗传力。

遗传力有群体特异性，同一性状在同一时间内在不同群体中测定，遗传力的估计值的大小不同，差异的大小取决于群体的遗传结构和环境条件。因此，不同群体不能互相任意引用性状的遗传力。

遗传力在同一群体中不是固定不变的。随着选择的不断进行，群体内的遗传方差会逐渐减小，从而导致性状遗传力逐渐降低。这种现象对于经过长期定向选育的高产品种或品系尤为明显。

遗传力的估计来自一个样本，因此有抽样误差。对同一样本采用不同方法得到的结果可能有差异。这是由于同一种方法所得出的指标，其含意和解释与另一种方法所得出的指标大不一样，这属于理论解释和方法的适用性问题。

为了更好地理解和掌握三个遗传参数的估计公式，这里有必要简要回顾一下“生物统计学”课程里介绍过的方差组分估计和组内相关系数的相关知识(详见附录 2)。

1. *方差组分估计*

方差组分又称为方差分量或期望均方，是指方差的组成成分。方差组分估计主要是指随机模型中的方差(组间方差和组内方差)估计，它是数量遗传学中估计重复力、遗传力和遗传相关等基本遗传参数的基础。遗传参数是数量遗传学的核心，是育种值预测和进行育种规划决策的重要依据。

方差组分估计的方法主要有方差分析法(analysis of variance，ANOVA)、相关分析法(correlation analysis，CA)和回归分析法(regression analysis，RA)，以及建立在线性混合模型基础上的最大似然法(maximum likelihood，ML)、约束最大似然法(restricted maximum likelihood，REML)、最小范数二次无偏估计法(minimum norm quadratic unbiased estimation，MINQUE)和最小方差二次无偏估计法(minimum variance quadratic unbiased estimation，MIVQUE)等，后述方差组分估计方法的准确性较高，但计算较为复杂，须依赖相应的计算机技术，详细内容可参见附录 2 方差组分估计的原理和方法。在这里仅介绍基于方差分析法的方差组分估计。

在“生物统计学”课程中，关于单因素随机效应模型的方差分析如表 6-1 所示。

表 6-1　单因素随机效应模型的方差分析

变异来源	SS	df	$MS=SS/df$	$E(MS)$
组(处理)间	SS_B	$p-1$	MS_B	$\sigma_e^2+k\sigma_b^2$
误差(组内或处理内)	SS_E	$N-p$	MS_E	σ_e^2

注：$\hat{\sigma}_e^2$ 和 $\hat{\sigma}_b^2$ 为方差组分的估计值，代表误差方差和组间方差；k 为每个组的观测值个数；p 为组数；N 为总观测值个数。

通过该表可知：

$$E(MS_B)=\sigma_e^2+k\sigma_b^2$$
$$E(MS_E)=\sigma_e^2$$

根据无偏估计的原理，参数估计值的期望等于参数真值本身。因此，均方等于相应方差组分的估计值，即：

$$MS_B=\hat{\sigma}_e^2+k\hat{\sigma}_b^2$$
$$MS_E=\hat{\sigma}_e^2$$

整理后有：

$$\hat{\sigma}_e^2=MS_E$$
$$\hat{\sigma}_b^2=\frac{MS_B-MS_E}{k}$$

通常把这些方差组分的估计值即 $\hat{\sigma}_e^2$ 和 $\hat{\sigma}_b^2$ 称作 ANOVA 估计值。

对于非均衡资料，需要对各组的样本含量 k 进行校正，得到 k_0 值，即有效重复数：

$$k=\frac{1}{p-1}\left(\sum k_i-\frac{\sum k_i^2}{\sum k_i}\right)=k_0$$

2. 组内相关

组内相关是组(处理)内观测值之间的相关。总体的相关系数等于：

$$\rho=\frac{\mathrm{Cov}(y_{ij},y_{ij'})}{\sqrt{\mathrm{Var}(y_{ij})\mathrm{Var}(y_{ij'})}}$$

同一组内不同观测值(ij 与 ij')之间的协方差等于组间方差，即：

$$\mathrm{Cov}(y_{ij},y_{ij'})=\mathrm{Var}(\tau_i)=\sigma_b^2$$

式中 τ_i 为第 i 组的效应。

任意观测值 y_{ij} 的方差是：

$$\mathrm{Var}(y_{ij})=\mathrm{Var}(y_{ij'})=\mathrm{Var}(y)=\sigma_b^2+\sigma_e^2$$

证明如下。

假设组 i 的两个观测值分别是：

$$y_{ij}=\mu+\tau_i+\varepsilon_{ij}$$
$$y_{ij'}=\mu+\tau_i+\varepsilon_{ij'}$$

同组内的这两个观测值间的协方差是：

$$\mathrm{Cov}(y_{ij},y_{ij'})=\mathrm{Cov}(\mu+\tau_i+\varepsilon_{ij},\mu+\tau_i+\varepsilon_{ij'})=\mathrm{Var}(\tau_i)+\mathrm{Cov}(\varepsilon_{ij},\varepsilon_{ij'})=\sigma_b^2+0=\sigma_b^2$$

y_{ij} 的方差是：

$$\mathrm{Var}(y_{ij})=\mathrm{Var}(\mu+\tau_i+\varepsilon_{ij})=\mathrm{Var}(\tau_i)+\mathrm{Var}(\varepsilon_{ij})=\sigma_b^2+\sigma_e^2$$

注意到 τ_i 和 ε_{ij} 相互独立，二者之间的协方差等于 0。所以总体的组内相关系数又等于：

$$\rho=\frac{\mathrm{Cov}(y_{ij},y_{ij'})}{\sqrt{\mathrm{Var}(y_{ij})\mathrm{Var}(y_{ij'})}}=\frac{\sigma_b^2}{\sqrt{(\sigma_b^2+\sigma_e^2)(\sigma_b^2+\sigma_e^2)}}=\frac{\sigma_b^2}{\sigma_b^2+\sigma_e^2}$$

如果通过样本估计出这些方差组分，则关于样本的组内相关系数等于：

$$r=\frac{\hat{\sigma}_b^2}{\hat{\sigma}_b^2+\hat{\sigma}_e^2}$$

6.2.1.3　遗传力的估计原理

遗传力是反映数量性状遗传规律的一个定量指标，要想由表型变异来估计性状遗传力，必然需要利用在遗传上关系明确的两类个体同一性状的资料。借助于这一确定的遗传关系和它们的表型相关就可以估计出该性状的遗传力，这是所有遗传力估计方法的基础。图6-1可明确地表示这一基本原理，其中 P_1、P_2、A_1、A_2、R_1、R_2 分别表示两类个体的表型值、育种值和剩余值。

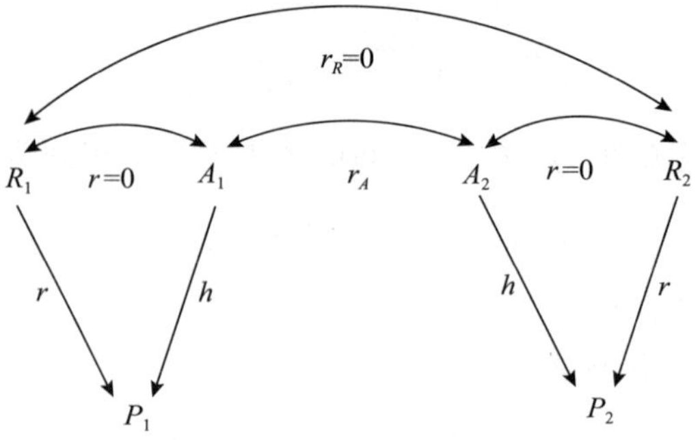

图6-1　遗传力估计原理的通径图

依据通径分析原理(详见附录3)，即两个变量间的相关系数等于连接它们的所有通径链系数之和，而各通径链系数等于该通径链上的全部通径系数和相关系数的乘积。假定不存在共同环境效应，即 $r_R=0$，那么 P_1 和 P_2 间的相关系数 r_P（$r_{P_1P_2}$ 简写作 r_P）：$r_P=r_Ah^2$。因此，推导出遗传力为：

$$h^2=\frac{r_p}{r_A}$$

式中：r_A 为两类个体育种值间的相关系数，即亲缘相关。在随机交配的大群体中，忽略显性效应和各高阶加性互作，以及上位效应，可以认为亲子间、全同胞间和半同胞间的亲缘相关分别为0.5、0.5和0.25。r_p 为两类个体表型值间的相关系数，在不同的情况下可以通过相应的统计分析得到。因此，遗传力的估计实际上可以转化为这两个相关系数的计算，而且关键是表型相关系数的计算。因为在提供遗传力估计的资料已确定的情况下，亲缘相关也是已知的。

在家畜育种中，同胞资料比较易于得到，而且数量较大，因而广泛用于遗传参数估计。以全同胞组内相关法为例，在近似条件下，全同胞个体间的亲缘相关 $r_{(FS)}$ 为0.5，将它代入上式可以得到：

$$h^2=\frac{r_{FS}}{r_{(FS)}}=2r_{FS}$$

式中：r_{FS} 为全同胞个体间的表型相关，因全同胞个体很多，它实际上也是一个组内相关系数，一般通过二因素系统分组资料方差分析法估计出方差组分后计算得到。假设在大群体中随机选择 S 头公畜，第 i 头公畜随机与 d_i 头母畜交配，每头母畜有 n_{ij} 个全同胞子女，其中第 k 个子女的表型值为 x_{ijk}，利用二因素系统分组资料方差分析法得到的方差分析结果见表 6-2。

表 6-2　二因素系统分组资料方差分析结果

变异来源	自由度	平方和	均方	期望均方
公畜间	$df_S=S-1$	$SS_S=\sum\frac{(\sum\sum x_{ijk})^2}{\sum k_{ij}}-\frac{(\sum\sum\sum x_{ijk})^2}{\sum\sum k_{ij}}$	$MS_S=\frac{SS_S}{df_S}$	$\sigma_E^2+k_2\sigma_D^2+k_3\sigma_s^2$
公畜内母畜间	$df_D=\sum d_i-S$	$SS_D=\sum\sum\frac{(\sum x_{ijk})^2}{k_{ij}}-\sum\frac{(\sum\sum x_{ijk})^2}{\sum k_{ij}}$	$MS_D=\frac{SS_D}{df_D}$	$\sigma_E^2+k_1\sigma_D^2$
公母畜内子女间	$df_E=\sum\sum k_{ij}-\sum d_i$	$SS_E=\sum\sum\sum x_{ijk}^2-\sum\sum\frac{(\sum x_{ijk})^2}{k_{ij}}$	$MS_E=\frac{SS_E}{df_E}$	σ_E^2

这里，k_1、k_2 和 k_3 是校正后的相应有效重复数，计算公式如下：

$$k_1=\frac{1}{df_D}\left(\sum\sum k_{ij}-\sum\frac{\sum k_{ij}^2}{\sum k_{ij}}\right)$$

$$k_2=\frac{1}{df_S}\left(\sum\frac{\sum k_{ij}^2}{\sum k_{ij}}-\frac{\sum\sum k_{ij}^2}{\sum\sum k_{ij}}\right)$$

$$k_3=\frac{1}{df_S}\left(\sum\sum k_{ij}-\frac{\sum(\sum k_{ij})^2}{\sum\sum k_{ij}}\right)$$

因此，可得到公畜半细胞组分、母畜半同胞组分和全同胞组分的遗传力估计值，分别为：

$$\hat{h}_S^2=\frac{4\sigma_S^2}{\sigma_S^2+\sigma_D^2+\sigma_E^2}$$

$$\hat{h}_D^2=\frac{4\sigma_D^2}{\sigma_S^2+\sigma_D^2+\sigma_E^2}$$

$$\hat{h}_{SD}^2=\frac{2(\sigma_S^2+\sigma_D^2)}{\sigma_S^2+\sigma_D^2+\sigma_E^2}$$

从理论上讲，这三个遗传力估计值应该相等。然而，在实际估计时，偏差总是存在的，在满足全同胞资料估计遗传力的条件下，一般应以 $\hat{h}_{SD}^2$ 为准，因为它是公畜组分估计和母畜组分估计的平均值。

6.2.1.4 遗传力显著性的 t 检验

当用全同胞资料估计遗传力时，涉及 σ_S^2、σ_D^2 和 σ_E^2 三种方差组分的估计。Kempthorne 提出采用大样本理论，利用方差分析表中的均方来估计遗传力的标准误(σ_{h^2})。

(1)公畜组分估计

$$h_S^2=\frac{4\sigma_S^2}{\sigma_S^2+\sigma_D^2+\sigma_E^2}=\frac{4\sigma_S^2}{\sigma_P^2}$$

当各家系含量相等时 $k_2=k_1$，而 $\sigma_S^2=\dfrac{MS_S-MS_D}{k_3}$。经简化，有：

$$V(h_S^2)=V\left(\frac{4\sigma_S^2}{\sigma_P^2}\right)=\left(\frac{4}{\sigma_P^2}\right)^2V\left(\frac{MS_S-MS_D}{k_3}\right)$$

$$\approx\left(\frac{4}{\sigma_P^2}\right)^2\times\frac{2}{k_3^2}\times\left(\frac{MS_S^2}{df_S}+\frac{MS_D^2}{df_D}\right)$$

令 $A=\sqrt{\dfrac{2}{k_3^2}\left(\dfrac{MS_S^2}{df_S}+\dfrac{MS_D^2}{df_D}\right)}$

所以，$\sigma_{h_S^2}=\sqrt{V(h_S^2)}\approx\dfrac{4}{\sigma_P^2}\times A$

(2)母畜组分估计

$$h_D^2=\frac{4\sigma_D^2}{\sigma_S^2+\sigma_D^2+\sigma_E^2}=\frac{4\sigma_D^2}{\sigma_P^2}$$

与上述类似，由于 $\sigma_D^2=\dfrac{MS_D-MS_E}{k_1}=\dfrac{4\sigma_D^2}{\sigma_P^2}$，有：

$$\sigma_{h_D^2}\approx\frac{4}{\sigma_P^2}\times B$$

这里：$B=\sqrt{\frac{2}{k_1^2}\left(\frac{MS_D^2}{df_D}+\frac{MS_E^2}{df_E}\right)}$

(3)公母畜组分合并估计

$$h_{SD}^2=\frac{2(\sigma_S^2+\sigma_D^2)}{\sigma_S^2+\sigma_D^2+\sigma_E^2}=\frac{2(\sigma_S^2+\sigma_D^2)}{\sigma_P^2}$$

同样地，因为：

$$\sigma_S^2+\sigma_D^2=\frac{1}{k_1k_3}[k_1MS_S+(k_3-k_1)MS_D-k_3MS_E]$$

所以：$\sigma_{h_{SD}^2}\approx\frac{2}{\sigma_P^2}\sqrt{A^2+B^2+2C}$

这里：$C=-\frac{k_1}{k_3}\left(B^2-\frac{2MS_E^2}{k_1^2df_E}\right)$

当各个次级组样本含量不相等时，上式中的 k_1、k_3 可按照前述公式进行校正计算。

如果进行类似组内相关系数的显著性检验，计算 t 值并进行显著性比较：

$$t=\frac{h^2}{\sigma_{h^2}}$$

$$\sigma_{h^2}=\sigma_{2r_{FS}}=2\sqrt{\frac{2(1-r_{FS})^2[1+(k_1-1)r_{FS}]^2}{k_1(k_1-1)\left(\sum d_i-1\right)}}$$

6.2.2　重复力

6.2.2.1　重复力的概念

重复力或重复率，是衡量一个数量性状在同一个体多次度量值之间相关程度的指标。个体多次度量值相关的原因，除了个体基因效应外，个体所处的持久性环境效应也将对性状的终身表现产生相同的影响。此外，暂时性环境效应是一些暂时的或局部的特殊环境效应，只对个体性状的某次度量值产生影响。当个体性状被多次度量时，暂时性环境效应对多次度量值的影响有大有小、有正有负，可以相互抵消一部分。

需要说明的是，重复力这个参数只有能有一次以上记录的性状才具备。如果畜禽的某一性状只有一次记录，如猪的屠宰率、鸡的开产日龄，那么这个性状就没有重复力。再者，如果每次产量的记录都一样，如马、驴每胎产的驹数，重复力这个指标也没有什么意义。因此，只有在产量记录能有好几次，每次都多少有些不同，而育种者期望从早期记录中获得家畜以后的生产性能情况，并比较准确地估计家畜以后的生产力，以便较早地决定留种或淘汰，以及将牲畜一生的生产力作一个综合评定时，重复力这个参数才有意义。另外，在多信息育种值估计即计算综合选择指数时，也会用到重复力这个参数。

6.2.2.2 重复力的计算

从效应剖分来看，环境效应(E)可剖分为持久性环境效应(E_P)和暂时性环境效应(E_T)两个部分，即 $E=E_P+E_T$，因此 $P=G+E=G+E_P+E_T$。假定基因型效应、永久性环境效应和暂时性环境效应之间都不存在相关，则可以将表型方差 V_P 表示为：$V_P=V_G+V_{E_P}+V_{E_T}$。因此，重复力 r_e 可定义为：

$$r_e=\frac{V_G+V_{E_P}}{V_P}=\frac{V_G+V_{E_P}}{V_G+V_{E_P}+V_{E_T}}$$

由此可知，重复力实际上就是以个体的多次度量值为组的组内相关系数，因而其估计方法与组内相关系数的计算完全一致。组内相关系数描述了组内有某种特定联系的多组数据两两之间的平均相关系数，如果是按个体分组，那么每组数据就是一个个体的各次度量值。与两变量简单相关系数的计算一样，组内相关系数也是通过计算方差分量和协方差得到的。因此，重复力通常是在按个体分组后的单因素方差分析基础上计算的，根据 6.2.1 方差组分估计中的公式可得到：

$$r_e=\frac{\hat{\sigma}_b^2}{\hat{\sigma}_b^2+\hat{\sigma}_e^2}=\frac{MS_B-MS_E}{MS_B+(k-1)MS_E}$$

式中：MS_B 为单因素方差分析表中的组间均方，MS_E 为组内均方或误差均方，k 为每个个体的度量次数。对于非均衡资料，当个体度量次数不相等时，需计算出平均有效度量次数即 k_o 值。

6.2.2.3 重复力的显著性检验

因为用于估计重复力的个体是从大群体中随机抽取的，所以计算出的重复力还有一个抽样方差即 $V(r_e)$ 的问题。虽然性状有重复力，但还需要知道这个重复力是否显著。因此，用统计量 t 来检验重复力的显著性：

$$t=\frac{r_e}{\sigma_{r_e}}$$

其中：分母项为重复力的标准差，即 $\sigma_{r_e}=\sqrt{V(r_e)}$，并且有：

$$V(r_e)=\frac{2(1-r_e)^2[1+(k_o-1)r_e]^2}{(p-1)k_o(k_o-1)}$$

需要注意的是，如果重复力的绝对值很大（接近于 1）或很小（接近于 0），上述抽样方差的计算就不再适用。英国统计学家 Fisher 认为此时需要引入一个变换：

$$Z=\frac{1}{2}\text{log}e\ \frac{1+(k-1)r_e}{1-r_e}$$

用于检验显著性的抽样方差 σ_Z^2 由下式求得：

$$\sigma_Z^2=\frac{k}{2(k-1)(p-2)}$$

则：$t=\dfrac{Z}{\sigma_Z}$。

6.2.3　遗传相关

6.2.3.1　遗传相关的概念

数量性状间的相关区分为表型相关和遗传相关。表型相关是同一个体的两个数量性状度量值间的相关，由遗传相关和环境相关组成。表型相关又分为两种，一种是基因的一因多效和基因间的连锁不平衡造成的性状间遗传上的相关。基因连锁造成的遗传相关是不能稳定遗传的，而基因一因多效造成的遗传相关则是能够稳定遗传的。另一种是两个性状受个体所处相同环境造成的相关，称为环境相关。在这两种遗传相关和环境相关原因的共同作用下，两个性状之间就呈现出一定的表型相关。

需要指出的是，数量性状遗传参数之一的遗传相关是描述不同性状之间各种遗传原因造成的相关程度大小，它不同于亲属个体间的遗传相关，后者源于有共同的祖先。

6.2.3.2　遗传相关的估计原理

两性状遗传相关估计的通径图如图 6-2 所示。

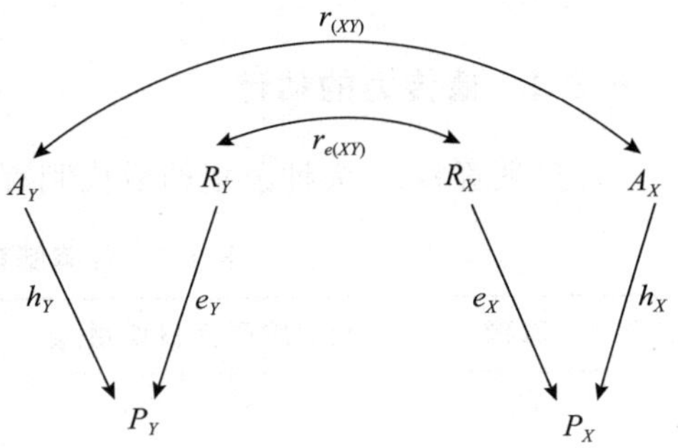

图 6-2　遗传相关估计的通径图

图中：P_X、P_Y、A_X、A_Y、R_X、R_Y 分别表示性状 X 和性状 Y 的表型值、育种值和剩余值；h_X、h_Y、e_X、e_Y 分别表示两性状育种值到表型值的通径系数，以及剩余值到表型值的通径系数；$r_{e(XY)}$、$r_{(XY)}$ 分别表示两性状间的环境相关和遗传相关。假定各种育种值与剩余值间均不相关，那么根据通径分析原理，两个变量间的相关系数等于连接这两个变量的通径链的通径系数乘积之和：

$$r_{XY}=r_{(XY)}h_Xh_Y+r_{e(XY)}e_Xe_Y$$

因为 $\sigma_P^2=\sigma_A^2+\sigma_R^2$（假设 A 和 R 不相关），其中 σ_R^2 包含显性方差、上位方差及环境方差等。经整理有：

$\frac{\sigma_A^2}{\sigma_P^2}+\frac{\sigma_R^2}{\sigma_P^2}=1$，令 $\frac{\sigma_R^2}{\sigma_P^2}=e^2$，则有：

$h^2+e^2=1$，所以 $e^2=1-h^2$，$e=\sqrt{1-h^2}$

由此得到两个性状的表型相关 r_{XY}（$r_{P_{XY}}$ 简写为 r_{XY}）：

$$r_{XY}=r_{(XY)}h_Xh_Y+r_{e(XY)}\sqrt{1-h_X^2}\sqrt{1-h_Y^2}$$

6.2.3.3 遗传相关的估计方法

遗传相关的估计方法与遗传力的估计方法类似，需要通过两类亲缘关系明确的个体的两个性状表型值间的关系来估计。本实验用同胞资料估计遗传相关，同胞资料分半同胞资料和全同胞资料两种。传统方法是采用与前面遗传力估计类似的单因素或二因素系统分组资料的方差-协方差分析方法。半同胞资料估计遗传相关的计算公式如下：

$$r_{(XY)}=\frac{\mathrm{Cov}_S(X,Y)}{\sigma_{S_X}\sigma_{S_Y}}=\frac{MP_{S_{XY}}-MP_{E_{XY}}}{\sqrt{(MS_{S_X}-MS_{E_X})(MS_{S_Y}-MS_{E_Y})}}$$

6.3 遗传参数估计的步骤

6.3.1 遗传力的估计

(1)整理资料：3 头种公猪的后代肥育期平均日增重记录列于表 6-3。

表 6-3 仔猪肥育期平均日增重

公猪	母猪	全同胞子女日增重/g					k_{ij}	$\sum x_{ijk}$	$\sum x_{ijk}^2$	$\sum\sum x_{ijk}$
S_1	D_{11}	403	392	382	395		4	1572	618022	4411
	D_{12}	404	395				2	799	319241	
	D_{13}	397	406	425	418	394	5	2040	833030	

续表 6-3

公猪	母猪	全同胞子女日增重/g					k_{ij}	$\sum x_{ijk}$	$\sum x_{ijk}^2$	$\sum\sum x_{ijk}$
S_2	D_{21}	395	412	407			3	1214	491418	6735
	D_{22}	384	395				2	779	303481	
	D_{23}	410	382	394	390		4	1576	621360	
	D_{24}	405	396	387			3	1188	470610	
	D_{25}	382	395	406	392	403	5	1978	782858	
S_3	D_{31}	405	415	396	418	407	5	2041	833439	6077
	D_{32}	423	397	409	411		4	1604	672740	
	D_{33}	405	418	392			3	1215	492413	
	D_{34}	385	402	394			3	1181	465065	
总计	12						43	17223	6903677	

(2)统计或计算 k_{ij}、$\sum x_{ijk}$ 、$\sum x_{ijk}^2$ 和 $\sum\sum x_{ijk}$，并列在表 6-2 中。

(3)计算平方和、自由度及 k_1、k_2 和 k_3 值。

$$SS_T = \sum\sum\sum x_{ijk}^2 - \frac{\left(\sum\sum\sum x_{ij}\right)^2}{\sum\sum k_{ij}} = 6903677 - \frac{17223^2}{43} = 5264.6977$$

$$SS_S = \sum \frac{\left(\sum\sum x_{ijk}\right)^2}{\sum k_{ij}} - \frac{\left(\sum\sum\sum x_{ij}\right)^2}{\sum\sum k_{ij}}$$

$$= \left(\frac{4411^2}{11} + \frac{6735^2}{17} + \frac{6077^2}{15}\right) - \frac{17223^2}{43} = 642.4938$$

$$SS_D = \sum\sum \frac{\left(\sum x_{ijk}\right)^2}{k_{ij}} - \sum \frac{\left(\sum\sum x_{ijk}\right)^2}{k_{ij}}$$

$$= \left(\frac{1572^2}{4} + \frac{799^2}{2} + \frac{2040^2}{5} + \cdots + \frac{1181^2}{3}\right) - 6899054.7961 = 1367.8705$$

$$SS_E = SS_T - SS_S - SS_D = 5264.6977 - 642.4938 - 1367.8705 = 3254.3334$$

$$df_T = \sum\sum k_{ij} - 1 = 43 - 1 = 42$$

$$df_S = S - 1 = 3 - 1 = 2$$

$$df_D = \sum D_i - S = 12 - 3 = 9$$

$$df_E = df_T - df_S - df_D = 42 - 2 - 9 = 31$$

$$MS_S=\frac{SS_S}{df_S}=\frac{642.4938}{2}=321.2469$$

$$MS_D=\frac{SS_D}{df_D}=\frac{1367.8705}{9}=151.9856$$

$$MS_E=\frac{SS_E}{df_E}=\frac{3254.3334}{31}=104.9785$$

$$k_1=\frac{1}{df_D}\left(\sum\sum k_{ij}-\sum\frac{\sum k_{ij}^2}{\sum k_{ij}}\right)$$

$$=\frac{1}{9}\times\left[43-\left(\frac{4^2+2^2+5^2}{11}+\cdots+\frac{5^2+4^2+3^2+3^2}{15}\right)\right]$$

$$=3.4744$$

$$k_2=\frac{1}{df_S}\left(\sum\frac{\sum k_{ij}^2}{\sum k_{ij}}-\frac{\sum\sum k_{ij}^2}{\sum\sum k_{ij}}\right)$$

$$=\frac{1}{2}\times\left[\left(\frac{4^2+2^2+5^2}{11}+\cdots+\frac{5^2+4^2+3^2+3^2}{15}\right)-\frac{4^2+2^2+\cdots+3^2}{43}\right]$$

$$=3.9232$$

$$k_3=\frac{1}{df_S}\left(\sum\sum k_{ij}-\frac{\sum\left(\sum k_{ij}\right)^2}{\sum\sum k_{ij}}\right)=\frac{1}{2}\times\left(43-\frac{11^2+17^2+15^2}{43}\right)=14.1163$$

(4)列方差分析表(表 6-4)。

表 6-4 方差分析表

变异来源	自由度	平方和	均方	期望均方
公猪间	2	642.4938	321.2469	$\hat{\sigma}_E^2+3.9232\hat{\sigma}_D^2+14.1163\hat{\sigma}_S^2$
公猪内母猪间	9	1367.8705	151.9856	$\hat{\sigma}_E^2+3.4744\hat{\sigma}_D^2$
公母猪内子女间	31	3254.3334	104.9785	$\hat{\sigma}_E^2$

$$\hat{\sigma}_E^2=MS_E=104.9785$$

$$\hat{\sigma}_D^2=\frac{MS_D-\hat{\sigma}_E^2}{k_1}=\frac{151.9856-104.9785}{3.4744}=13.5296$$

$$\hat{\sigma}_S^2=\frac{MS_S-k_2\hat{\sigma}_D^2-\hat{\sigma}_E^2}{k_3}=\frac{321.2469-3.9232\times13.5296-104.9785}{14.1163}=11.5603$$

$$\hat{\sigma}_P^2=\hat{\sigma}_S^2+\hat{\sigma}_D^2+\hat{\sigma}_E^2=11.5603+13.5296+104.9785=130.0684$$

(5)计算得到三个遗传力的估计值。

公猪组分：

$$\hat{h}_S^2=\frac{4\sigma_S^2}{\sigma_S^2+\sigma_D^2+\sigma_E^2}=\frac{4\times 11.5603}{130.0684}=0.3555$$

母猪组分：

$$\hat{h}_D^2=\frac{4\sigma_D^2}{\sigma_S^2+\sigma_D^2+\sigma_E^2}=\frac{4\times 13.5296}{130.0684}=0.4161$$

公母猪组分：

$$\hat{h}_{SD}^2=\frac{2(\sigma_S^2+\sigma_D^2)}{\sigma_S^2+\sigma_D^2+\sigma_E^2}=\frac{2\times(11.5603+13.5296)}{130.0684}=0.3858$$

(6)遗传力显著性的 t 检验。

对于公猪组分，根据显著性检验的相关计算公式有：

$$A=\sqrt{\frac{2}{k_3^2}\left(\frac{MS_S^2}{df_S}+\frac{MS_D^2}{df_D}\right)}=\sqrt{\frac{2}{14.1163^2}\times\left(\frac{321.2469^2}{2}+\frac{151.9856^2}{9}\right)}=23.3163$$

$$\hat{\sigma}_{h_S^2}=\sqrt{V(h_S^2)}\approx\frac{4}{\hat{\sigma}_P^2}\times A=\frac{4}{130.0684}\times 23.3163=0.7170$$

所以，$t=\frac{\hat{h}_S^2}{\hat{\sigma}_{h_S^2}}=\frac{0.3555}{0.7170}=0.4958$

对于母猪组分：

$$B=\sqrt{\frac{2}{k_1^2}\left(\frac{MS_D^2}{df_D}+\frac{MS_E^2}{df_E}\right)}=\sqrt{\frac{2}{3.4744^2}\times\left(\frac{151.9856^2}{9}+\frac{104.9785^2}{31}\right)}=22.0031$$

$$\hat{\sigma}_{h_D^2}=\sqrt{V(h_D^2)}\approx\frac{4}{\hat{\sigma}_P^2}\times B=\frac{4}{130.0684}\times 22.0031=0.6767$$

所以，$t=\frac{\hat{h}_D^2}{\hat{\sigma}_{h_D^2}}=\frac{0.4161}{0.6767}=0.6149$

对于公母猪组分：

$$C=-\frac{k_1}{k_3}\left(B^2-\frac{2MS_E^2}{k_1^2 df_E}\right)=-\frac{3.4744}{14.1163}\times\left(22.0031^2-\frac{2\times 104.9785^2}{3.4744^2\times 31}\right)$$
$$=-104.6623$$

$$\sigma_{h_{SD}^2}\approx\frac{2}{\sigma_P^2}\sqrt{A^2+B^2+2C}=\frac{2}{130.0684}\times\sqrt{23.3163^2+22.0031^2-2\times 104.6623}$$

$=0.4399$

所以，$t=\frac{\hat{h}_{SD}^2}{\hat{\sigma}_{h_{SD}^2}}=\frac{0.3858}{0.4399}=0.8770$

由此可知，对三种组分估计的遗传力进行显著性检验，计算得到的 t 值都小于 1，遗传力估计差异均不显著，究其原因主要是样本含量太小。

6.3.2 重复力的估计

(1)整理资料：统计 3 只绵羊多次剪毛量的记录见表 6-5。

表 6-5 某品种绵羊剪毛量记录

绵羊号	度量值/kg				k_i	$\sum x_i$	$\sum x_i^2$
1	3	4	3		3	10	34
2	4	4	3	3	4	14	50
3	4	4	4		3	12	48
$p=3$					$\sum k_i=10$	$\sum\sum x_i=36$	$\sum\sum x_i^2=132$

(2)求 k_i、$\sum x_i$ 、$\sum x_i^2$ 等，并列在表 6-4 中。

(3)计算平方和、自由度、均方和 k_o 等。

$$CT=\frac{(\sum\sum x_i)^2}{\sum k_i}=\frac{36^2}{3+4+3}=129.6$$

$$SS_T=\sum\sum x_i^2-CT=132-129.6=2.4$$

$$SS_B=\sum\frac{(\sum x_i)^2}{k_i}-CT=\left(\frac{10^2}{3}+\frac{14^2}{4}+\frac{12^2}{3}\right)-129.6=130.33-129.6$$
$$=0.73$$

$$SS_E=SS_T-SS_B=2.4-0.73=1.67$$

$$df_T=\sum k_i-1=10-1=9$$

$$df_B=p-1=3-1=2$$

$$df_E=df_T-df_B=9-2=7$$

$$MS_B=\frac{SS_B}{df_B}=\frac{0.73}{2}=0.365$$

$$MS_E=\frac{SS_E}{df_E}=\frac{1.67}{7}=0.239$$

$$k_o = \frac{1}{p-1}\left(\sum k_i - \frac{\sum k_i^2}{\sum k_i}\right) = \frac{1}{3-1} \times \left(10 - \frac{34}{10}\right) = 3.3$$

(4)列方差分析表见表 6-6。

表 6-6　方差分析表

变异来源	自由度	平方和	均方	期望均方
绵羊间	$df_B=2$	$SS_B=0.73$	$MS_B=0.365$	$\hat{\sigma}_e^2+3.3\hat{\sigma}_b^2$
绵羊内	$df_E=7$	$SS_E=1.67$	$MS_E=0.239$	$\hat{\sigma}_e^2$
总和	$df_T=9$	$SS_T=2.4$		

(5)计算重复力。

$$r_e=\frac{MS_B-MS_E}{MS_B+(k_o-1)MS_E}=\frac{0.365-0.239}{0.365+(3.3-1)\times 0.239}=0.1336$$

(6)显著性检验。

$$V(r_e)=\frac{2\,(1-r_e)^2\,[1+(k_o-1)r_e]^2}{(p-1)k_o(k_o-1)}$$

$$=\frac{2\times(1-0.1336)^2\times[1+(3.3-1)\times 0.1336]^2}{(3-1)\times 3.3\times(3.3-1)}$$

$$=0.169$$

$$t=\frac{r_e}{\sqrt{V(r_e)}}=\frac{0.1336}{\sqrt{0.169}}=0.325$$

查 t 值表得到 $t_{0.05(2)}=4.303$，因为 $t<t_{0.05(2)}$，所以估计的重复力不显著。尽管通常情况下剪毛量重复力的估计值结果较高(0.74 左右)，但本例的重复力估计值为 0.1336，且不显著，其原因主要是绵羊的个体数太少、样本含量太小。

6.3.3　遗传相关的估计

(1)整理资料：某奶牛场 3 头种公牛的女儿 12 月龄体重和第一个泌乳期产奶量的记录见表 6-7，表中每一组数据的上一行为个体的体重记录，下一行为该个体的产奶量记录。采用公畜内半同胞遗传相关估计两性状的遗传力和遗传相关。

表 6-7　种公牛及其半同胞女儿的体重和产奶量

公牛	体重/kg 产奶量/kg					k_i	$\sum x_{ij}$ $\sum y_{ij}$	$\sum x_{ij}^2$ $\sum y_{ij}^2$	$\sum x_{ij}y_{ij}$
1	364 4374.8	317 5313.8	319 3337.8	368 4363.7	307 5556.1	13	4528 52924	1584322 223960572.24	18357245.3
	348 3364.6	331 3719.3	367 3289.6	343 4708.2	351 4111.5				
	355 3024.3	393 4663.7	365 3096.6						
2	344 2987.2	330 3815.3	336 4197.4	352 4489.8	267 3735.5	6	1944 23142.50	634550 90555548.27	7508709.80
	315 3917.3								
3	377 4701.0	325 5014.2	324 4156.9	347 3874.9	324 5511.8	5	1697 23258.80	578115 109916209.50	7879141.1
总计						24	8169 99325.30	2796987 424432330.01	33745096.2

(2)求和、平方和、乘积和、自由度以及 k_0,部分结果也列入表 6-7。

体重(X):

$$SS_T=\sum\sum x_{ij}^2-\frac{\left(\sum\sum x_{ij}\right)^2}{\sum k_i}=2796987-\frac{8169^2}{24}$$

$$=2796987-2780523.38=16463.63$$

$$SS_S=\sum\frac{\left(\sum x_{ij}\right)^2}{k_i}-\frac{\left(\sum\sum x_{ij}\right)^2}{\sum k_i}=\frac{4528^2}{13}+\frac{1944^2}{6}+\frac{1697^2}{5}-\frac{8169^2}{24}$$

$$=2782955.03-2780523.38=2431.65$$

$$SS_E=SS_T-SS_S=16463.63-2431.65=14031.98$$

产奶量(Y):

$$SS_T=\sum\sum y_{ij}^2-\frac{\left(\sum\sum y_{ij}\right)^2}{\sum k_i}=424432330.01-\frac{99325.30^2}{24}$$

$=424432330.01-411063134.17=13369195.84$

$$SS_S=\sum\frac{(\sum y_{ij})^2}{k_i}-\frac{(\sum\sum y_{ij})^2}{\sum k_i}$$

$$=\frac{52924^2}{13}+\frac{23142.50^2}{6}+\frac{23258.80^2}{5}-\frac{99325.30^2}{24}$$

$=412914581.61-411063134.17=1851447.44$

$SS_E=SS_T-SS_S=13369195.84-1851447.44=11517748.4$

体重×产奶量：

$$SP_T=\sum\sum x_{ij}y_{ij}-\frac{(\sum\sum x_{ij})(\sum\sum y_{ij})}{\sum k_i}$$

$$=33745096.2-\frac{8169\times 99325.30}{24}$$

$=33745096.2-33807848.99=-62752.79$

$$SP_S=\sum\frac{(\sum x_{ij})(\sum y_{ij})}{k_i}-\frac{(\sum\sum x_{ij})(\sum\sum y_{ij})}{\sum k_i}$$

$$=\frac{4528\times 52924}{13}+\frac{1944\times 23142.50}{6}+\frac{1697\times 23258.80}{5}-\frac{8169\times 99325.30}{24}$$

$=33826043.03-33807848.99=18194.04$

$SP_E=SP_T-SP_S=(-62752.79)-18194.04=-80946.83$

自由度：

$$df_T=\sum k_i-1=24-1=23$$

$df_S=n-1=3-1=2$

$df_E=df_T-df_S=23-2=21$

$$k_o=\frac{1}{df_S}\left(\sum k_i-\frac{\sum k_i^2}{\sum k_i}\right)=\frac{1}{2}\times\left(24-\frac{13^2+6^2+5^2}{24}\right)=7.21$$

(3)列方差和协方差分析表(表 6-8)。

表 6-8　方差、协方差分析表

变异来源	自由度	体重		产奶量		体重×产奶量	
		平方和	均方	平方和	均方	乘积和	均积
公牛间	2	2431.65	1215.83	1851447.44	925723.72	18194.04	9097.02

续表 6-8

变异来源	自由度	体重		产奶量		体重×产奶量	
		平方和	均方	平方和	均方	乘积和	均积
公牛内	21	14031.98	668.19	11517748.4	548464.21	—80946.83	—3854.61
总变异	23	16463.63		13369195.84		—62752.79	

(4)计算遗传力和遗传相关。

体重的遗传力：

$$\hat{\sigma}^2_{E_X}=MS_{E_X}=668.19$$

$$\hat{\sigma}^2_{S_X}=\frac{MS_{S_X}-MS_{E_X}}{k_0}=\frac{1215.83-668.19}{7.21}=75.96$$

$$\hat{h}^2_X=\frac{4\hat{\sigma}^2_{S_X}}{\hat{\sigma}^2_{S_X}+\hat{\sigma}^2_{E_X}}=\frac{4\times 75.96}{75.96+668.19}=0.41$$

产奶量的遗传力：

$$\hat{\sigma}^2_{E_Y}=MS_{E_Y}=548464.21$$

$$\hat{\sigma}^2_{S_Y}=\frac{MS_{S_Y}-MS_{E_Y}}{k_0}=\frac{925723.72-548464.21}{7.21}=52324.48$$

$$\hat{h}^2_Y=\frac{4\hat{\sigma}^2_{S_Y}}{\hat{\sigma}^2_{S_Y}+\hat{\sigma}^2_{E_Y}}=\frac{4\times 52324.48}{52324.48+548464.21}=0.35$$

体重和产奶量的遗传相关：

$$\hat{\mathrm{Cov}}_E(X,Y)=MP_{E_{XY}}=-3854.61$$

$$\hat{\mathrm{Cov}}_S(X,Y)=\frac{MP_{S_{XY}}-MP_{E_{XY}}}{k_0}=\frac{9097.02-(-3854.61)}{7.21}=1796.34$$

$$r_{(XY)}=\frac{\hat{\mathrm{Cov}}_S(X,Y)}{\sqrt{\hat{\sigma}^2_{S_X}\hat{\sigma}^2_{S_Y}}}=\frac{1796.34}{\sqrt{75.96\times 52324.48}}=0.90$$

两性状的表型相关：

$$r_{XY}=\frac{\hat{\mathrm{Cov}}_S(X,Y)+\hat{\mathrm{Cov}}_E(X,Y)}{\sqrt{(\hat{\sigma}^2_{S_X}+\hat{\sigma}^2_{E_X})(\hat{\sigma}^2_{S_Y}+\hat{\sigma}^2_{E_Y})}}=\frac{-2058.27}{\sqrt{744.15\times 600788.69}}=-0.097$$

两性状的环境相关：

$$r_{e(XY)}=\frac{r_{XY}-r_{(XY)}h_Xh_Y}{\sqrt{1-h^2_X}\sqrt{1-h^2_Y}}$$

$$=\frac{-0.097-0.90\times\sqrt{0.41}\times\sqrt{0.35}}{\sqrt{1-0.41}\times\sqrt{1-0.35}}=\frac{-0.44}{\sqrt{0.59\times0.65}}=-0.71$$

环境相关也可以用下式求出：

$$r_{e(XY)}=\frac{\hat{C}ov_E(X,Y)-3\hat{C}ov_S(X,Y)}{\sqrt{(\hat{\sigma}_{E_X}^2-3\hat{\sigma}_{S_X}^2)(\hat{\sigma}_{E_Y}^2-3\hat{\sigma}_{S_Y}^2)}}=\frac{-9243.63}{\sqrt{440.31\times391490.77}}=-0.70$$

这两个结果的差异是舍入误差造成的，用第二个公式计算出的结果更精确。

6.4 实验作业与思考

1. 在一大群非近交的鸡中，随机抽取 5 只公鸡，每只公鸡与 3 只母鸡交配，分别测定每只母鸡的 3 个后代的八周龄体重(单位：g)，见表 6-9。试求八周龄体重的遗传力，并进行显著性检验。

表 6-9 母鸡后代的八周龄体重

公鸡编号	母鸡编号	母鸡后代的八周龄体重/g			$\sum x_{ijk}$	$\sum\sum x_{ijk}$
A	1	965	813	765	2543	6802
	2	803	640	714	2157	
	3	644	753	705	2102	
B	4	740	798	941	2479	7498
	5	701	847	909	2457	
	6	909	800	853	2562	
C	7	696	807	800	2303	6971
	8	752	863	739	2354	
	9	686	832	796	2314	
D	10	979	798	788	2565	7403
	11	905	880	770	2555	
	12	797	721	765	2283	
E	13	809	756	775	2340	7707
	14	887	935	937	2759	
	15	872	811	925	2608	

2. 根据表 6-10 的资料，计算母猪窝产仔数的重复力并进行显著性检验。

表 6-10　某猪种 13 头母猪各胎产仔数

母猪号	胎次										
	1	2	3	4	5	6	7	8	9	10	11
1	11	21	16	18	8						
2	10	15	17	13	20	21	23	17	16	20	
3	11	14	3	11	11	9	15				
4	6	6									
5	6	17	12	3	19	21	23	19	20		
6	8	11	12	13	13	14	18	18			
7	4	16	18	19	19	17	19	6	19		
8	9	5	2	18	15	3					
9	13	19	20	14	8	13	13				
10	7	15	16	14	16	11	17	20	23		
11	15	18	15	17	24	17	15	21	17	8	6
12	15	14	20	15	12	16	21	8	9	6	
13	12	19	19	18	24	11	15	15			

3. 在表 6-11 中，数据成对排列，表中每一公猪数据的上一行为背膘厚记录，下一行为日增重记录，采用公畜内半同胞遗传相关估计这 2 个性状的遗传相关。

表 6-11　某猪场 3 头种公猪的半同胞后代的个体背膘厚和日增重

公猪	后代背膘厚/mm 后代日增重/g												
1	13	15	19	13	12	15	14	16	18	13	14	13	18
	853	815	654	965	785	902	821	968	859	863	712	898	723
	10	15	14	17	14	17	13	16	14	15	14	11	
	943	849	883	743	859	812	721	851	878	846	815	909	
2	15	17	15	14	17	16	13	14	15	16	14	13	11
	879	886	985	925	907	828	702	953	879	847	876	834	880
	19	18	16	18									
	885	890	710	823									

续表 6-11

公猪	后代背膘厚/mm 后代日增重/g												
3	17	15	11	14	16	17	16	15	18	14	15	14	16
	786	863	712	839	806	710	796	823	801	857	792	783	819
	17	19	15	17	16	13	15	17	16	18			
	893	890	743	821	847	736	810	703	803	846			

4. 现有 8 只绒山羊初生重、断奶重的育种数据(表 6-12)。考虑的固定效应为性别(2 个水平:公羔编码为 1;母羔编码为 2)和出生/哺育类型[3 个水平:单羔出生、单羔哺育(1/1)编码为 1;双羔出生、双羔哺育(2/2)编码为 2;双羔出生、单羔哺育(2/1)编码为 3]。试估计这 2 个性状的遗传力和遗传相关。

表 6-12　8 只绒山羊初生重、断奶重的育种数据

个体	父亲	母亲	性别	出生/哺育类型	初生重/kg	断奶重/kg
5	1	2	1	2	1.80	14.00
6	3	4	2	1	2.50	19.00
7	5	6	1	1	2.90	16.50
8	5	4	2	1	2.50	18.00
9	3	8	2	2	2.05	15.50
10	3	8	2	2	2.00	16.50
11	7	10	1	3	2.60	20.00
12	7	10	2	3	2.25	21.00

5. 不同遗传参数的估计原理均与通径分析理论有关联,需要通过通径图来推导相应计算公式。在推导过程中,需要提出一些必要的假设条件,要理解这些假设条件存在的必要性,若假设条件不成立,则无法得到相应遗传参数的计算公式,后续计算也无从谈起。

6. 数量遗传学与数理统计及家畜育种的理论和实践有密切的关系,三者缺一不可。数量遗传学的理论研究、遗传参数的估计和家畜育种值的预测,要借助数理统计知识进行计算,仅凭所学的生物统计学初步知识和计算遗传力、重复力、遗传相关的公式是不行的。具体的统计计算靠手工或计算器也远远适应不了实际工作的需要。因此,要想深入学习和实际应用数量遗传学理论并借此进行家畜品种改良，不仅要熟悉矩阵代数、线性模型和计算数学等，还需要掌握一门计算机编程语言。此外，丰富的家畜遗传育种实践经验的积累也十分重要。综合以上，才能有效且正确地应用数量遗传学理论与方法。

实验 7 数量性状选择进展的评价

7.1 实验目的与内容

7.1.1 实验目的

掌握在直接选择情况下数量性状选择进展的计算方法，熟悉影响选择进展的主要因素以及直接选择的应用条件；了解间接选择情况下数量性状选择进展的估计以及间接选择的应用条件。

7.1.2 实验内容

在直接选择和间接选择情况下，数量性状选择进展的计算方法。

7.2 实验原理与方法

一般而言，数量性状的遗传基础是微效多基因假说。基因众多而且复杂，因此，要像质量性状那样只针对某一基因进行选择是不可能的。对于数量性状，必须应用生物统计学和数量遗传学的方法，从性状的表型值中剖分出环境效应，再根据多基因的加性效应即育种值，以及表型值服从或近似服从正态分布的原理来合理地进行选择和预估选择结果。

7.2.1 直接选择

对于数量性状，选择使得选留个体的平均表型值（$\overline{P}_S$）高于初始群体均值（$\overline{P}$），选留个体的均值与群体均值之差，称为选择差（S），有的教材也用 ΔP 表示选择差。选择差表示被选留种畜所具有的表型优势。计算公式为：

$$S=\overline{P}_S-\overline{P}$$

由于选择而使下一代产生的反应称为选择反应(R)。它是指通过人工选择，在一定时间内使得选留个体的子女平均表型值不同于初始群体均值。选择反应表示的是性状向着育种目标方向改进的程度。计算公式为：

$$R=Sh^2$$

由上式可知,若仅根据个体的生产性能记录进行直接选择,则预期可获得的选择反应等于性状遗传力与选择差之积。选择效果根据选择反应的大小进行衡量,代表被选留种畜所具有的遗传优势。

不同性状由于单位不同,选择差之间不能相互比较。为便于比较,将每一性状的选择差用各自的表型标准差来除,即将选择差进行标准化,把标准化的选择差定义为选择强度(i),即 $i=S/\sigma$,于是有:$R=i\sigma h^2$。

因此,只要知道性状的遗传力和选择差,或者知道遗传力、表型标准差和选择强度,就可算出选择反应。

在讨论选择原理时,还将平均每年获得的选择反应,即选择反应除以平均世代间隔(G_I),称为年改进量,用 ΔG 表示。

数量性状的表型值在群体中的分布一般呈正态分布(图 7-1)。利用这一正态分布原理可进行合理地选择和预估选择效果。

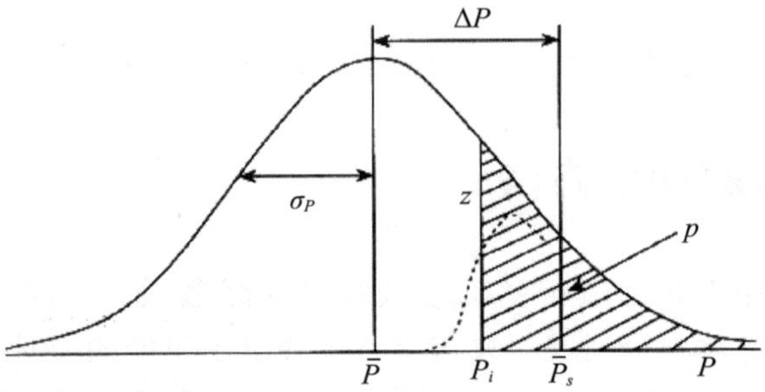

图 7-1　数量性状表型值的正态分布及选择分布

选择差经标准化以后,就可以利用正态分布原理,通过留种率进行估计。根据正态分布原理有:

$$i=z/p$$

式中:i 代表选择强度;z 代表截点处纵高;p 代表截点右侧正态分布曲线下面积,即留种率。

可通过统计用表由留种率估计出选择强度。留种率与选择强度的关系见表 7-1。

表 7-1　留种率与选择强度的关系

留种率/%	90	80	70	60	50	40	30	20	10	5	1
选择强度	0.196	0.350	0.497	0.644	0.798	0.967	1.159	1.400	1.755	2.064	2.660

例 1:一个猪群母猪 180 天体重的标准差为 10.6 kg,遗传力为 0.25,现决定留种 40%,那么下一代可期望这个性状平均能提高多少?

查上表可知,当留种率为 40%时,选择强度为 0.967,代入公式求出选择反应:

$$R_1 = i\sigma h^2 = 0.967 \times 10.6 \times 0.25 = 2.56 \text{ kg}$$

即下一代猪群 180 天平均体重可望比这一代全群 180 天体重的平均值提高 2.56 kg。

在实际预估时,公母畜留种率相差很大,每头公畜的配种数也不一样,因此必须分别计算来自公畜和母畜的选择反应,然后计算整个群体的平均选择反应。

在预估来自公畜的选择反应时,公畜的留种率一般都很小,如果用留种率来估计选择强度往往误差较大,因此最好直接用选择差来计算选择反应。每头公畜的配种数不同,公畜对后代群体均值的影响也就各不相同,因此应分别按其预计的配种数进行加权,求得平均选择差。

例 2:现预计留 3 头公猪做种用,其 180 天体重的选择差分别为 20 kg、15 kg 和 10 kg。假设第一头公猪配种 60%,其余两头各配种 20%,求下一代群体的平均选择反应。

公猪的平均选择差:$S = 20 \times 0.6 + 15 \times 0.2 + 10 \times 0.2 = 17$ kg

公猪的选择反应:$R_2 = 17 \times 0.25 = 4.25$ kg

来自公母猪的平均选择反应:$R = \dfrac{4.25 + 2.56}{2} = 3.41$ kg

这样估计得来的选择反应是该性状在一个世代中的改进量,但一般制订育种计划时往往以年为单位,因此还要进一步换算成年改进量。假定本群猪的平均世代间隔为 1.5 年,则年改进量:

$$\Delta G = R / G_I = 3.14 / 1.5 = 2.27 \text{ kg}$$

即预计该猪群的 180 天平均体重有望每年提高 2.27 kg。

7.2.2　间接选择

所谓间接选择,是由于性状间存在相关性,通过对另一性状(比如性状 y)的选择，来间接达到改良某个性状（比如性状 x）的选择方法，又称相关选择。

当所要改良的某个性状遗传力很低，或难以精确度量，或在活体上不能度量，或在某种性别中不能表现时，都可以考虑采用间接选择。此时就需要找一个与改良的性状 x 有高度的遗传相关，而且本身的遗传力又很高的辅助性状 y，这样才可以通过对 y 的选择来间接改良 x 性状。如果辅助性状能在幼年时期度量，则还可以针对所要改良的性状进行早期选种。

为知道间接选择的效果，需要推导出间接选择反应的公式。设 x 性状随 y 性状的改良而改良，则 x 性状的间接选择反应计算公式：

$$CR_x = b_{A_{(xy)}} R_y$$

而 x 性状对 y 性状的遗传回归系数：

$$b_{A_{(xy)}} = \frac{r_{A_{(xy)}} \sigma_{A_{(x)}}}{\sigma_{A_{(y)}}} = \frac{r_{A_{(xy)}} h_x \sigma_x}{h_y \sigma_y}$$

y 性状的直接选择反应：$R_y = i_y \sigma_y h_y^2$

所以，$CR_x = b_{A_{(xy)}} R_y = \frac{r_{A_{(xy)}} h_x \sigma_x}{h_y \sigma_y} \cdot i_y \sigma_y h_y^2 = r_{A_{(xy)}} h_x \sigma_x i_y h_y$

设 R_x 是 x 性状的直接选择反应，则间接选择与直接选择的效率之比：

$$\frac{CR_x}{R_x} = \frac{r_{A_{(xy)}} h_x \sigma_x i_y h_y}{i_x \sigma_x h_x^2} = \frac{r_{A_{(xy)}} i_y h_y}{i_x h_x}$$

因此，要使间接选择优于直接选择的条件是：在选择强度相等（$i_x = i_y$）的情况下，两个性状要有高的遗传相关（$r_{A_{(xy)}}$），而且辅助性状有高的遗传力（h_y^2），即 $r_{A_{(xy)}} h_y > h_x$；或者对辅助性状可以施加非常高的选择强度（i_y），而使 $r_{A_{(xy)}} i_y h_y > i_x h_x$，才能保证 $\frac{CR_x}{R_x} > 1$。

当然，如果直接选择和间接选择两种方法能够并用，那么选择进展无疑会大于任何单一的方法。间接选择在家畜育种工作中有着广阔的应用前景，尤其是应用于早期选种。

例 3：已知猪的胴体出肉量的遗传力为 0.20，眼肌面积的遗传力为 0.48，两个性状的遗传相关系数为 0.70。当两个性状的标准差都为 1.60，选择强度都为 0.80 时，直接选择反应和间接选择反应各是多少？如果眼肌面积的选择强度提高为1.40，情况又怎样？

设胴体出肉量为性状 x，眼肌面积为性状 y，则

$$R_x = i_x \sigma_x h_x^2 = 0.80 \times 1.60 \times 0.20 = 0.256$$

$$\frac{CR_x}{R_x} = \frac{r_{A_{(xy)}} i_y h_y}{i_x h_x} = \frac{0.70 \times 0.80 \times \sqrt{0.48}}{0.80 \times \sqrt{0.20}} = 1.08$$

可见，当 $i_x = i_y = 0.80$ 时，间接选择反应大于直接选择反应，即间接选择优于直接选择。

当 $i_x = 0.80$，$i_y = 1.40$ 时，则

$$R_x = i_x \sigma_x h_x^2 = 0.80 \times 1.60 \times 0.20 = 0.256$$

$$\frac{CR_x}{R_x} = \frac{r_{A_{(xy)}} i_y h_y}{i_x h_x} = \frac{0.70 \times 1.40 \times \sqrt{0.48}}{0.80 \times \sqrt{0.20}} = 1.90$$

说明提高辅助性状的选择强度，能进一步加大间接选择反应。

7.3　实验作业与思考

1. 某羊场绵羊的平均净毛量为 3 kg，选择净毛量为 3.2 kg 以上的个体留种，已知该性状的遗传力为 0.45，经过一代选择，请预估下一代羊群的平均净毛量是多少？

2. 某种猪场，公猪的日增重为 700 g，表型标准差 $\sigma_1 = 25$ g，遗传力 $h_1^2 = 0.20$；饲料转化率为 3.0 kg，表型标准差 $\sigma_2 = 0.1$ kg，遗传力 $h_2^2 = 0.30$。日增重与饲料转化率的遗传相关系数为 $r_A = -0.8$。鉴于饲料转化率测定很困难，试图仅通过选择日增重，间接改进饲料转化率，设公猪留种率为 0.1，请计算：

(1)两个性状的直接选择反应是多少？

(2)两个性状的间接选择反应效果怎样？通过日增重间接选择饲料转化率是否可行？

3. 某肉牛场，每年要选择种母牛，选择的性状为母牛活体重。设每年对该群体的一周岁母牛进行生产性能测定，经育种值估计，从中选择一般种母牛 50%，种子母牛 5%，两群体的活体重标准差分别为 $\sigma_1 = 40$ kg，$\sigma_2 = 10$ kg，已知活体重的遗传力为 0.4，请计算两组牛的选择强度和选择反应，并说明选择反应存在差异的原因。

4. 影响直接选择进展成效的因素有个体的加性遗传标准差、选择强度、育种值估计的准确度和世代间隔，且与前三个因素成正比，与世代间隔成反比。在实际采取提高选择进展成效的措施时，需要综合考虑这四个因素，不能顾此失彼。

实验 8　单性状选择的四种方法

8.1　实验目的与内容

8.1.1　实验目的

掌握个体选择、家系选择、家系内选择和合并选择的概念、原理和应用；了解这四种选择方法的适用范围。

8.1.2　实验内容

个体选择；家系选择；家系内选择；合并选择。

8.2　实验原理与方法

个体的表型值 P_i 可剖分成两个组分，即个体所在的家系均值 P_f 和个体表型值与家系均值之差（$P_i - P_f$），也称家系内偏差，用 P_w 表示。因此，个体表型值、家系均值和家系内偏差三者之间的关系为：

$$P_i = P_f + P_w$$

如果对上式中的 P_f 和 P_w 分别给予适当加权，合并为一个指数 I，则有公式：

$$I = b_f P_f + b_w P_w$$

式中：I 为对 P_w 和 P_f 加权后的指数；b_w 为家系内偏差的遗传力；b_f 为家系均值的遗传力。可以证明：

$$b_w = h_w^2 = h^2 \cdot \frac{1 - r_A}{1 - r}$$

$$b_f = h_f^2 = h^2 \cdot \frac{1+(n-1)r_A}{1+(n-1)r}$$

式中：h^2 为性状的遗传力；r_A 为家系成员间的亲缘相关，比如全同胞家系 $r_A = 0.5$，半同胞家系 $r_A = 0.25$；r 是家系成员间的表型相关，也是组内相关；n 为家系成员数。

8.2.1 个体选择

个体选择将家系均值和家系内偏差予以同等重视，即假设 $b_f = b_w = 1$，则有 $I = P_f + P_w = P_i$。个体选择即依据个体本身的表型值进行选择。具体说，选留或淘汰种畜主要取决于个体生产性能或某种经济性状的优劣，优者留种而劣者淘汰。对于家系而言，个体选择也可以叫作群体选择，即在群体范围内挑选最优秀者。

个体选择的适用范围：个体选择方法简单易行，历来为育种者所普遍采用。实践证明，只有对于中等遗传力以上的性状，个体选择才能得到较大的选择反应，选择效果才有可能比较理想；对于遗传力低的性状，由于选择反应不大，个体选择的效果一般不能确定。一般经验认为，个体选择方法对于遗传力为 0.20 以上的性状是适宜的。

8.2.2 家系选择

家系选择只考虑家系均值，不考虑家系内偏差，即假设 $b_f = 1$，$b_w = 0$，则有 $I = P_f$。

家系选择即以整个家系为一个选择单位，只根据家系均值的大小决定个体的去留。具体说，选留或淘汰种畜，并不是以个体表型值的大小为依据，而是以家系为单位进行选择，整个家系要么被选留，要么被淘汰。因此，也叫家系间选择。

家系选择的适用范围：①所选性状的遗传力低时；②由共同环境造成的家系间相似程度不高，即家畜间的差异主要由遗传因素造成时。当共同环境因子造成家系成员间很相似时，家系选择无效，因为此时家系间表现出的差异可能是环境因素引起的，而选择的目的是区别遗传原因产生的差异；③当家系较大时，家系选择优于个体选择。

8.2.3 家系内选择

家系内选择只考虑家系内偏差，不考虑家系均值，即 $b_f = 0$，$b_w = 1$，则有 $I = P_w$。

家系内选择即根据个体表型值与家系均值的偏差来选择，在每个家系中选择超过家系均值最多的个体留种。

家系内选择的适用范围：当家系间的差异主要由环境差异（可能因为不同的家

系进行了不同的处理)引起时,家系内选择最为有效。这种情况为寻求家系内遗传差异,例如组成家系的同胞之间的差异提供了更多机会。家系内选择通常用于多胎动物,如猪、鸡。

8.2.4 合并选择

同时使用家系均值和家系内偏差两种信息,根据性状遗传力和家系内表型相关的大小,分别对这两种信息进行不同的加权,合并为一个指数 I,即当 $b_f \neq 0$,$b_w \neq 0$时,便是合并选择。合并选择根据计算出的指数 I 进行选择,其选择的准确性高于以上三种选择方法,因此可获得理想的遗传进展。

对公式 $I=b_fP_f+b_wP_w$ 作恒等变形:

$$\begin{aligned} I &= b_fP_f+b_wP_w \\ &= b_fP_f-b_wP_f+b_wP_w+b_wP_f \\ &= P_f(b_f-b_w)+b_w(P_w+P_f) \end{aligned}$$

由于 $P_w+P_f=P$

所以,$I=b_wP+(b_f-b_w)P_f$

或者:$\dfrac{I}{b_w}=P+\left(\dfrac{b_f}{b_w}-1\right)\cdot P_f$

$$=P+\left\{\left[h^2\cdot\frac{1+(n-1)r_A}{1+(n-1)r}/h^2\cdot\frac{1-r_A}{1-r}\right]-1\right\}\cdot P_f$$

$$=P+\left[\frac{1+(n-1)r_A}{1+(n-1)r}\cdot\frac{1-r}{1-r_A}-1\right]\cdot P_f$$

$$=P+\frac{[1+(n-1)r_A](1-r)-[1+(n-1)r](1-r_A)}{[1+(n-1)r](1-r_A)}\cdot P_f$$

$$=P+\left[\frac{r_A-r}{1-r_A}\cdot\frac{n}{1+(n-1)r}\right]\cdot P_f$$

假设 $I'=\dfrac{I}{b_w}$

则 $I'=P+\left[\dfrac{r_A-r}{1-r_A}\cdot\dfrac{n}{1+(n-1)r}\right]\cdot P_f$

这里,I'是合并选择指数,可以把它看成是对个体表型值的一种校正,而校正项则是考虑家系均值所致。用方差分析法求出 r 值后,代入上述公式即可算出 I'。

现举例说明上述四种选择方法,使用同一资料,选择结果不同。表 8-1 中的数值是仔猪 180 日龄的体重,要求选出其中最好的 4 头留种(A、B、C 等大写字母代表不同个体）。

表 8-1　4 窝仔猪 180 日龄体重资料

家系(窝)	个体 180 日龄体重/kg								家系均值
1	A	80.0	B	85.0	C	93.5	D	106.5	$\overline{X}_1=91.25$
2	E	79.0	F	99.5	G	105.0	H	114.5	$\overline{X}_2=99.5$
3	I	56.5	J	60.0	K	65.0	L	118.5	$\overline{X}_3=75.0$
4	M	87.0	N	90.0	O	95.5	P	103.5	$\overline{X}_4=94.0$
									$\overline{X}=90.0$

如果根据个体选择，选留的是 L、H、D、G，因为它们个体值最高；如果根据家系选择，选留的是 E、F、G、H，因为它们的家系均值最高；根据家系内选择，选留的是 D、H、L、P，因为它们是每个家系中个体值最高者。在上述 3 种方法中，H 都是被选留的对象，G 也可能被留下。问题在于如何选留 F、P、D 和 L，因为 F 和 P 的家系均值高而个体值相对较低，D 和 L 的个体值较高而家系均值相对较低。在这种情况下，就有必要采用合并选择。

计算合并选择指数，需要先求得家系内个体间的表型相关系数 r。由组内相关公式：

$$r=\frac{MS_B-MS_w}{MS_B+(n-1)MS_w}$$

式中：MS_B 为家系间均方；MS_w 为家系内（误差）均方。

$$MS_B=4\times\left[\frac{(91.25-90.0)^2+(99.5-90.0)^2+(75.0-90.0)^2+(94.0-90.0)^2}{4-1}\right]=443.73$$

$$\begin{aligned}MS_w=&\frac{(80.0-91.25)^2+(85.0-91.25)^2+(93.5-91.25)^2+(106.5-91.25)^2}{3\times4}+\\&\frac{(79.0-99.5)^2+(99.5-99.5)^2+(105-99.5)^2+(114.5-99.5)^2}{3\times4}+\\&\frac{(56.5-75.0)^2+(60.0-75.0)^2+(65.0-75.0)^2+(118.5-75.0)^2}{3\times4}+\\&\frac{(87.0-94.0)^2+(90.0-94.0)^2+(95.5-94.0)^2+(103.5-94.0)^2}{3\times4}=316.31\end{aligned}$$

所以，$r=\frac{MS_B-MS_w}{MS_B+(n-1)MS_w}=\frac{443.73-316.31}{443.73+(4-1)\times316.31}=0.0915$

代入公式，得：

$$I'=P+\left[\frac{r_A-r}{1-r_A}\cdot\frac{n}{1+(n-1)r}\right]\cdot P_f=P+\left[\frac{0.5-0.09}{1-0.5}\times\frac{4}{1+(4-1)\times 0.09}\right]\cdot P_f$$
$$=P+2.58P_f$$

为了实际应用时的方便，P 也可以用个体表型值代入。校正后的 D、F、L、P 的值分别为：

$$I'_D=106.5+2.58\times 91.25=341.93$$
$$I'_F=99.5+2.58\times 99.5=356.21$$
$$I'_L=118.5+2.58\times 75.0=312.00$$
$$I'_P=103.5+2.58\times 94.0=346.02$$

在这 4 头猪中，F 虽然本身体重较轻，但由于家系均值高，可以认为最好；L 本身值虽然最高，但家系均值过低，实际不好。至于 D 与 P，校正前 D 比 P 好，但因 D 的家系均值比 P 的要低，故校正后 P 反而比 D 好，因此留种时留 P 而不留 D。综上，如果留 4 头，除 G 与 H 外（$I'_G=361.71$，$I'_H=371.21$），应当留下 F 和 P。可见，不经过计算合并选择指数，就很难确定个体的去留。

8.3 实验作业与思考

1. 表 8-2 分别给出了 5 头母猪（家系）的 5 头 6 月龄仔猪的体重，若选留 5 头仔猪，请分别采用个体选择、家系选择、家系内选择和合并选择分析，各将会留下哪些仔猪？

表 8-2　5 个家系 6 月龄仔猪的个体重及其平均成绩

家系(窝)	仔猪个体 6 月龄体重/kg										家系均值
1	A	105	B	95	C	80	D	75	E	70	$\overline{X}_1=85$
2	F	85	G	80	H	70	I	60	J	55	$\overline{X}_2=70$
3	K	105	L	90	M	80	N	65	O	60	$\overline{X}_3=80$
4	P	110	Q	105	R	100	S	85	T	75	$\overline{X}_4=95$
5	U	85	V	80	W	75	X	70	Y	65	$\overline{X}_5=75$
											$\overline{X}=81$

2. 对于上题，如果只从中选择 1 头，且未计算出合并选择指数时，哪个个体会被选中？为什么？

实验 9 综合选择指数的制订

9.1 实验目的与内容

9.1.1 实验目的

了解综合选择指数制订的原理以及选择指数和育种值之间的关系；能够根据多性状资料制订家畜个体的综合选择指数。

9.1.2 实验内容

综合选择指数制订的原理；综合选择指数效果的度量；综合选择指数制订的方法；制订综合选择指数应注意的事项。

9.2 实验原理与方法

9.2.1 综合选择指数制订的原理

综合选择指数的制订涉及遗传力、表型方差、经济加权值、表型相关和遗传相关等，是一项系统性较强的综合育种措施。该方法适用于多性状的选择，由于其选择效率和选择准确性都较高，自出现后即被广泛地应用于家畜育种改良实践。

对于多性状选择，需要尽量准确地估计出个体的综合育种值，并依据它进行选种，以期获得最佳的选择效果。由于不同性状在育种上和经济上的重要性存在差异，实际的育种目标对各性状的选育提高要求是不一致的，这些差异一般用性状经济加权值表示。假设需要选择提高的性状有 n 个，每一个性状的育种值分别为 $a_1, a_2 \cdots a_n$，这些性状称为目标性状。相应的经济加权值分别为 $w_1, w_2 \cdots w_n$。因此综合育种值如下定义：

$$H = A_T = \sum_{i=1}^{n} w_i a_i = \boldsymbol{w}'\boldsymbol{a}$$

其中，$\boldsymbol{w}' = [w_1 \quad w_2 \cdots w_n]$，$\boldsymbol{a}' = [a_1 \quad a_2 \cdots a_n]$

求解最简单的方法是建立一个信息性状的线性函数 I，即：

$$I = \sum_{i=1}^{m} b_i X_i = \boldsymbol{b}'\boldsymbol{X}$$

其中：$\boldsymbol{b}' = [b_1 \quad b_2 \cdots b_m]$，$\boldsymbol{X}' = [X_1 \quad X_2 \cdots X_m]$。

多性状选择的目的就是要获得一个指数 I，用它估计综合育种值 A_T，从而获得最大的育种值进展 ΔH。

根据最小二乘原理得到多元正规方程组：

$$\boldsymbol{Pb} = \boldsymbol{DAw} \text{ 或 } \boldsymbol{b} = \boldsymbol{P}^{-1}\boldsymbol{DAw}$$

式中，$\boldsymbol{P}$ 为信息性状表型值之间的方差-协方差矩阵；$\boldsymbol{A}$ 为各信息性状与目标性状育种值之间的方差-协方差矩阵；$\boldsymbol{D}$ 为提供信息性状表型值的个体与被估计个体间的亲缘相关对角矩阵；$\boldsymbol{w}$ 为经济加权值列向量；$\boldsymbol{b}$ 为与信息表型值对应的、需要求解的偏回归系数列向量。这些矩阵和向量的具体形式分别为：

$$\boldsymbol{P} = \begin{bmatrix} \cdots & \cdots & \cdots & \cdots & \cdots \\ \cdots & \sigma_{P_i}^2 & \cdots & \mathrm{Cov}_{P_{(i,j)}} & \cdots \\ \cdots & \cdots & \cdots & \cdots & \cdots \\ \cdots & \mathrm{Cov}_{P_{(j,i)}} & \cdots & \sigma_{P_j}^2 & \cdots \\ \cdots & \cdots & \cdots & \cdots & \cdots \end{bmatrix}$$

$\boldsymbol{P}$ 中的对角线元素为信息性状表型值的方差，非对角线元素为各信息性状表型值间的协方差，并通过下式计算：

$$P_{ij} = \begin{cases} \sigma_i^2 & i = j \\ r_{ij}\sigma_i\sigma_j & i \neq j \end{cases}$$

$$\boldsymbol{A} = \begin{bmatrix} \cdots & \cdots & \cdots & \cdots & \cdots \\ \cdots & \mathrm{Cov}_{A_{(i,k)}} & \cdots & \mathrm{Cov}_{A_{(i,l)}} & \cdots \\ \cdots & \cdots & \cdots & \cdots & \cdots \\ \cdots & \mathrm{Cov}_{A_{(j,k)}} & \cdots & \mathrm{Cov}_{A_{(j,l)}} & \cdots \\ \cdots & \cdots & \cdots & \cdots & \cdots \end{bmatrix}$$

A 中的元素 $Cov_{A_{(i,k)}}$ 为第 i 个信息性状与第 k 个目标性状间的育种值协方差，其余类推。当信息性状与目标性状一致时，矩阵 **A** 如下，并可通过下面的公式进行计算：

$$\boldsymbol{A}=\begin{bmatrix} \cdots & \cdots & \cdots & \cdots & \cdots \\ \cdots & \sigma_{A_i}^2 & \cdots & Cov_{A_{(i,j)}} & \cdots \\ \cdots & \cdots & \cdots & \cdots & \cdots \\ \cdots & Cov_{A_{(j,i)}} & \cdots & \sigma_{A_j}^2 & \cdots \\ \cdots & \cdots & \cdots & \cdots & \cdots \end{bmatrix}$$

$$A_{ij}=\begin{cases} h_i^2\sigma_i^2 & i=j \\ r_{(ij)}h_i\sigma_i h_j\sigma_j & i\neq j \end{cases}$$

$$\boldsymbol{D}=\begin{bmatrix} \cdots & 0 & 0 & 0 & 0 \\ 0 & r_{A_{(i,I)}} & 0 & 0 & 0 \\ 0 & 0 & \cdots & 0 & 0 \\ 0 & 0 & 0 & r_{A_{(j,I)}} & 0 \\ 0 & 0 & 0 & 0 & \cdots \end{bmatrix}$$

式中：$r_{A(i,I)}$ 表示提供第 i 个信息的个体与被估计个体 I 的亲缘系数，如果提供信息的是个体本身，它为 1；如果由个体的半同胞提供信息，在无近交的情况下它等于 0.25。

$\boldsymbol{w}'=[w_1 \quad w_2 \quad \cdots]$，为目标性状的经济加权值向量。

9.2.2 综合选择指数制订效果的分析

综合育种值估计的准确度，是选择指数 I 与综合育种值 H 之间的复相关系数，计算公式如下：

$$r_{HI}=\frac{Cov(H,I)}{\sigma_H\sigma_I}=\frac{\sigma_I^2}{\sigma_H\sigma_I}=\frac{\sigma_I}{\sigma_H}=\sqrt{\frac{\boldsymbol{b}'\boldsymbol{DAw}}{\boldsymbol{w}'\boldsymbol{Gw}}}$$

式中，**G** 为目标性状间的育种值方差-协方差矩阵。

综合育种值的选择进展，是指在给定选择强度(i)的情况下，利用综合选择指数进行选择，预期可以获得的综合育种值改进量。当所有个体都有相同的信息来源，即对所有个体 r_{HI} 为常量，群体的综合育种值选择进展为：

$$\Delta H=i\cdot r_{HI}\cdot\sigma_H=i\cdot\frac{\sigma_I}{\sigma_H}\cdot\sigma_H=i\cdot\sigma_I=i\cdot\sqrt{\boldsymbol{b}'\boldsymbol{DAw}}$$

在育种中，除了要知道综合育种值进展外，还需要了解每一个目标性状的遗传进展，其计算公式为：

$$\Delta \boldsymbol{a}'=\frac{i\boldsymbol{b}'\boldsymbol{A}}{\sigma_I}=\frac{i\boldsymbol{b}'\boldsymbol{DA}}{\sqrt{\boldsymbol{b}'\boldsymbol{DAw}}}=\frac{i\sqrt{\boldsymbol{b}'\boldsymbol{DA}}}{\sqrt{\boldsymbol{w}}}$$

关于公式 r_{HI}、ΔH、$\Delta a'$ 的简要推导如下，更详细的过程见盛志廉和陈瑶生(1999)所著《数量遗传学》。

$$I=\sum_{i=1}^{m}b_iX_i=\boldsymbol{b}'\boldsymbol{X} \quad H=A_T=\sum_{i=1}^{n}w_ia_i=\boldsymbol{w}'\boldsymbol{a}$$

$$\mathrm{Cov}(I,H)=\mathrm{Cov}[\boldsymbol{b}'\boldsymbol{X},(\boldsymbol{w}'\boldsymbol{a})']=\mathrm{Cov}[\boldsymbol{b}'\boldsymbol{X},(\boldsymbol{a}'\boldsymbol{w})]=\boldsymbol{b}'\mathrm{Cov}(\boldsymbol{X},\boldsymbol{a}')\boldsymbol{w}$$

$$=\boldsymbol{b}'\mathrm{Cov}(\boldsymbol{a}+\boldsymbol{e},\boldsymbol{a}')\boldsymbol{w}=\boldsymbol{b}'\mathrm{Cov}(\boldsymbol{a},\boldsymbol{a}')\boldsymbol{w}=\boldsymbol{b}'\cdot\boldsymbol{DA}\cdot\boldsymbol{w}$$

$$V(H)=V(\boldsymbol{w}'\boldsymbol{a})=\boldsymbol{w}'\boldsymbol{G}\boldsymbol{w}$$

$$V(I)=V(\boldsymbol{b}'\boldsymbol{X})=\boldsymbol{b}'V(\boldsymbol{X})\boldsymbol{b}=\boldsymbol{b}'\boldsymbol{P}\boldsymbol{b}=\boldsymbol{b}'\boldsymbol{P}\cdot\boldsymbol{P}^{-1}\boldsymbol{DAw}=\boldsymbol{b}'\cdot\boldsymbol{DA}\cdot\boldsymbol{w}=\mathrm{Cov}(I,H)$$

所以 $r_{HI}=\dfrac{\mathrm{Cov}(I,H)}{\sigma_H\sigma_I}=\dfrac{V(I)}{\sigma_H\sigma_I}=\dfrac{\sigma_I}{\sigma_H}=\sqrt{\dfrac{\boldsymbol{b}'\boldsymbol{DAw}}{\boldsymbol{w}'\boldsymbol{G}\boldsymbol{w}}}$

$$\Delta \boldsymbol{a}'=i\cdot r_{aI}\cdot\sigma_a=i\,\frac{\mathrm{Cov}(I,\boldsymbol{a})}{\sigma_I\sigma_a}\sigma_a=\frac{i\mathrm{Cov}(\boldsymbol{b}'\boldsymbol{G},\boldsymbol{a})}{\sigma_I}=\frac{i\boldsymbol{b}'\boldsymbol{DA}}{\sqrt{\boldsymbol{b}'\boldsymbol{DAw}}}$$

显然有：$\Delta \boldsymbol{a}'\cdot\boldsymbol{w}=\dfrac{i\boldsymbol{b}'\boldsymbol{DA}}{\sqrt{\boldsymbol{b}'\boldsymbol{DAw}}}\cdot\boldsymbol{w}=i\sqrt{\boldsymbol{b}'\boldsymbol{DAw}}=\Delta H$

9.2.3 选择指数制订的方法

(1)整理所有性状的遗传力、表型方差、经济加权值、表型相关和遗传相关等参数(列出形式见表 9-1)。

(2)计算出各信息性状的表型方差-协方差矩阵、信息性状与目标性状的育种值方差矩阵，即 $\boldsymbol{P}=[P_{ij}]_{m\times m}$，$\boldsymbol{A}=[A_{ij}]_{m\times n}$，其中：

$$A_{ij}=r_{(ij)}h_i\sigma_ih_j\sigma_j$$

式中：$r_{(ij)}$ 为第 i 个信息性状与第 j 个目标性状之间的遗传相关；h_i 和 h_j 分别为第 i 个信息性状与第 j 个目标性状的遗传力的平方根；σ_i 和 σ_j 分别为第 i 个信息性状与第 j 个目标性状的表型标准差。

P_{ij} 需要根据各信息来源的具体情况确定。在目标性状与信息性状相同的传统选择指数中，可以用性状表型相关和方差计算得到，其他情况可由以下公式确定。

$$h_i=\frac{\sigma_{A_i}}{\sigma_{P_i}}=\frac{\sigma_A}{\sigma_P}=h$$

$$z_i=\frac{\sigma_{P_i}}{\sigma_{\overline{P}_i}}=\sqrt{\frac{k}{1+(k-1)r_p}}$$

$$q_i=\frac{\sigma_{\overline{P}_i}}{\sigma_{\overline{\overline{P}}_i}}=\sqrt{\frac{n}{1+(n-1)r_A z_i^2 h^2}}$$

式中：r_p 为多个表型值间的相关，如果是一个个体多次度量，$r_p=r_e$（重复力）；如果是多个同类个体单次度量，$r_p=r_A\times h^2$。

(3)计算各提供信息个体与被估计育种值个体的亲缘系数，得对角矩阵 $\boldsymbol{D}$。

(4)将各参数代入 $\boldsymbol{Pb}=\boldsymbol{DAw}$ 或 $\boldsymbol{b}=\boldsymbol{P}^{-1}\boldsymbol{DAw}$，求解得到各偏回归系数。将各个体性状表型值 X_i（通常以离均差的形式表示）代入 $I=\sum_{i=1}^{m}b_iX_i=\boldsymbol{b}'\boldsymbol{X}$，得到候选个体的综合选择指数值。

(5)最后由 9.2.2 中的公式分析指数的选择效果。

下面以实例说明综合选择指数的制订方法。

第一种情况，只根据个体本身资料来制订综合选择指数，即传统选择指数的制订。

现有蛋鸡自身的产蛋率（X_1）和蛋重（X_2）两个性状的有关参数（表 9-1），试制订这两个性状的综合选择指数公式（$I=b_1X_1+b_2X_2$）。

表 9-1　蛋鸡的产蛋率和蛋重的表型、遗传相关参数及经济加权值

项目	表型方差	遗传力	经济加权值	表型相关	遗传相关
产蛋率 X_1	16	0.4	1.14	0.05	−0.05
蛋重 X_2	64	0.1	1.00		

解：①求表型方差-协方差矩阵。

$$\boldsymbol{P}=\begin{bmatrix}P_{11} & P_{12}\\ P_{21} & P_{22}\end{bmatrix}=\begin{bmatrix}\sigma_P^2(X_1) & \mathrm{Cov}_P(X_1,X_2)\\ \mathrm{Cov}_P(X_2,X_1) & \sigma_P^2(X_2)\end{bmatrix}$$

其中：

$P_{11}=\sigma_P^2(X_1)=16$

$P_{22}=\sigma_P^2(X_2)=64$

$P_{12}=r_{X_1X_2}\times\sigma_{X_1}\times\sigma_{X_2}=0.05\times\sqrt{16}\times\sqrt{64}=1.6$

$P_{21}=r_{X_1X_2}\times\sigma_{X_2}\times\sigma_{X_1}=0.05\times\sqrt{64}\times\sqrt{16}=1.6$

由此得到表型方差-协方差矩阵：

$$\boldsymbol{P}=\begin{bmatrix}16 & 1.6\\ 1.6 & 64\end{bmatrix}$$

②求遗传方差与协方差。

$$\boldsymbol{A}=\begin{bmatrix}A_{11} & A_{12}\\ A_{21} & A_{22}\end{bmatrix}=\begin{bmatrix}\sigma_A^2(X_1) & \mathrm{Cov}_A(X_1,X_2)\\ \mathrm{Cov}_A(X_2,X_1) & \sigma_A^2(X_2)\end{bmatrix}$$

$A_{11}=h_1^2\times\sigma_1^2=0.4\times16=6.4$

$A_{22}=h_2^2\times\sigma_2^2=0.1\times64=6.4$

$A_{12}=r_{A_{12}}\times\sigma_{A_1}\times\sigma_{A_2}=-0.05\times\sqrt{6.4}\times\sqrt{6.4}=-0.32$

$A_{21}=r_{A_{21}}\times\sigma_{A_2}\times\sigma_{A_1}=-0.05\times\sqrt{6.4}\times\sqrt{6.4}=-0.32$

$$\boldsymbol{A}=\begin{bmatrix}6.4 & -0.32\\ -0.32 & 6.4\end{bmatrix}$$

③将有关数据代入公式，求偏回归系数。

$$\boldsymbol{Pb}=\boldsymbol{Aw}\Rightarrow\begin{bmatrix}16 & 1.6\\ 1.6 & 64\end{bmatrix}\begin{bmatrix}\mathrm{b}_1\\ \mathrm{b}_2\end{bmatrix}=\begin{bmatrix}6.4 & -0.32\\ -0.32 & 6.4\end{bmatrix}\begin{bmatrix}1.14\\ 1.00\end{bmatrix}$$

得：$b_1=0.4276$，$b_2=0.0836$

因此，制订出的选择指数为：

$$I=0.4276X_1+0.0836X_2$$

第二种情况，除依据本身资料外，还参考亲属资料来制订综合选择指数。

某种猪场在选种中包含三个目标性状：瘦肉率（X_1）、达到 100 kg 体重时的日龄（X_2）和背膘厚（X_3），这些性状的表型、遗传参数及性状经济加权值见表 9-2。

现有一个个体（I）本身 X_2 和 X_3 两个性状单次度量值，$X_2(I)=160$ 和 $X_3(I)=12$，以及 4 个半同胞 X_1 和 X_2 的单次度量均值，$\overline{X}_{1(HS)}=58\%$ 和 $\overline{X}_{2(HS)}=164$，试计算该个体的综合选择指数。（注：个体记作 I，半同胞记作 HS，个体 I 的 4 个半同胞分别记作 a、b、c、d）。

解：将所有性状的遗传力、表型方差、经济加权值、表型相关和遗传相关等参数整理如表 9-2 的形式，其中右上角是表型相关系数，左下角是遗传相关系数。

表 9-2　某种猪场猪瘦肉率、达 100 kg 体重日龄和背膘厚的表型、遗传相关参数及经济加权值

性状	单位	$\overline{X}$	w	h^2	σ_P^2	X_1	X_2	X_3
瘦肉率(X_1)	%	57	1.2	0.45	49	—	−0.55	−0.65
达 100 kg 体重日龄(X_2)	d	165	−0.6	0.35	225	−0.35	—	0.55
达 100 kg 体重背膘厚(X_3)	mm	14	0.0	0.50	1.44	−0.60	0.45	—

接下来，计算出各目标性状和信息性状的表型方差-协方差矩阵和育种值方差-协方差矩阵。

先计算三个目标性状的育种值方差-协方差矩阵 $\boldsymbol{G}$：

$$\boldsymbol{G}=\begin{bmatrix} G_{11} & G_{12} & G_{13} \\ G_{21} & G_{22} & G_{23} \\ G_{31} & G_{32} & G_{33} \end{bmatrix}=\begin{bmatrix} \sigma_A^2(X_1) & \mathrm{Cov}_A(X_1,X_2) & \mathrm{Cov}_A(X_1,X_3) \\ \mathrm{Cov}_A(X_2,X_1) & \sigma_A^2(X_2) & \mathrm{Cov}_A(X_2,X_3) \\ \mathrm{Cov}_A(X_3,X_1) & \mathrm{Cov}_A(X_3,X_2) & \sigma_A^2(X_3) \end{bmatrix}$$

$$G_{11}=\sigma_A^2(X_1)=h_{X_1}^2\sigma_{X_1}^2=0.45\times 49=22.0500$$

$$G_{22}=\sigma_A^2(X_2)=h_{X_2}^2\sigma_{X_2}^2=0.35\times 225=78.7500$$

$$G_{12}=\mathrm{Cov}_A(X_1,X_2)=r_{(12)}\sigma_{A_{X_1}}\sigma_{A_{X_2}}=-0.35\times\sqrt{22.0500\times 78.7500}=14.5847$$

其余元素以此类推进行计算。由此得到：

$$\boldsymbol{G}=\begin{bmatrix} 22.0500 & -14.5847 & -2.3907 \\ -14.5847 & 78.7500 & 3.3885 \\ -2.3907 & 3.3885 & 0.7200 \end{bmatrix}$$

接下来计算表型方差-协方差矩阵 $\boldsymbol{P}$：

$$\boldsymbol{P}=\begin{bmatrix} \sigma_P^2(X_{2(I)}) & \mathrm{Cov}_P(X_{2(I)},X_{3(I)}) & \mathrm{Cov}_P(X_{2(I)},\overline{X}_{1(HS)}) & \mathrm{Cov}_P(X_{2(I)},\overline{X}_{2(HS)}) \\ \mathrm{Cov}_P(X_{3(I)},X_{2(I)}) & \sigma_P^2(X_{3(I)}) & \mathrm{Cov}_P(X_{3(I)},\overline{X}_{1(HS)}) & \mathrm{Cov}_P(X_{3(I)},\overline{X}_{2(HS)}) \\ \mathrm{Cov}_P(\overline{X}_{1(HS)},X_{2(I)}) & \mathrm{Cov}_P(\overline{X}_{1(HS)},X_{3(I)}) & \sigma_P^2(\overline{X}_{1(HS)}) & \mathrm{Cov}_P(\overline{X}_{1(HS)},\overline{X}_{2(HS)}) \\ \mathrm{Cov}_P(\overline{X}_{2(HS)},X_{2(I)}) & \mathrm{Cov}_P(\overline{X}_{2(HS)},X_{2(I)}) & \mathrm{Cov}_P(\overline{X}_{2(HS)},\overline{X}_{1(HS)}) & \sigma_P^2(\overline{X}_{2(HS)}) \end{bmatrix}$$

$$P_{11}=\sigma_P^2(X_{2(I)})=225.0000$$

$$P_{12}=\mathrm{Cov}_P(X_{2(I)},X_{3(I)})=r_{23}\sigma_{X_2}\sigma_{X_3}=0.55\times\sqrt{225\times 1.44}=9.9000$$

$$P_{13}=\mathrm{Cov}_P(X_{2(I)},\overline{X}_{1(HS)})=r_{A(I,HS)}\mathrm{Cov}_A(X_2,X_1)=0.25\times(-14.5847)$$
$$=-3.6462$$

在这里有：不同个体(分别是个体 I 和其半同胞 HS)、不同性状之间的表型相关等于其亲缘关系乘以两个性状间的遗传协方差。

$$P_{14}=\mathrm{Cov}_P(X_{2(I)},\overline{X}_{2(HS)})=r_{A(I,HS)}\mathrm{Cov}_A(X_2,X_2)=r_{A(I,HS)}\sigma_A^2(X_2)$$
$$=0.25\times78.45=19.6875$$

在此简单推导一下计算 P_{14} 的公式，需注意：①怎样由表型相关转化为遗传相关的？②下标的变化。

$$P_{14}=\mathrm{Cov}_P(X_{2(I)},\overline{X}_{2(HS)})=\mathrm{Cov}(P_{2(I)},\overline{P}_{2(HS)})=\mathrm{Cov}(P_I,\overline{P}_{HS})$$
$$=\mathrm{Cov}\left[(A_I+R_I),\frac{1}{4}\sum_{i=a}^{d}(A_i+R_i)\right]=\frac{1}{4}\mathrm{Cov}[(A_I+R_I),(A_a+R_a+A_b+R_b+A_c+R_c+A_d+R_d)]$$
$$=\frac{1}{4}\mathrm{Cov}[A_I,(A_a+A_b+A_c+A_d)]$$
$$=\frac{1}{4}[\mathrm{Cov}(A_I,A_a)+\mathrm{Cov}(A_I,A_b)+\mathrm{Cov}(A_I,A_c)+\mathrm{Cov}(A_I,A_d)]$$
$$=\frac{1}{4}[r_{(Ia)}\mathrm{Cov}(A_I,A_I)+r_{(Ib)}\mathrm{Cov}(A_I,A_I)+r_{(Ic)}\mathrm{Cov}(A_I,A_I)+r_{(Id)}\mathrm{Cov}(A_I,A_I)]$$
$$=\mathrm{Cov}(A_I,A_I)\cdot\frac{1}{4}\cdot4r_{(I,HS)}=r_{(I,HS)}\sigma_A^2(I)$$

$$P_{33}=\sigma_P^2(\overline{X}_{1(HS)})=V_{\overline{P}_k}=\frac{1+(k-1)r}{k}V_P$$
$$=\sigma_P^2(X_1)\times\frac{1+(4-1)\times0.25\times0.45}{4}=49\times0.3344=16.3844$$

$$P_{34}=\mathrm{Cov}_P(\overline{X}_{1(HS)},\overline{X}_{2(HS)})=\frac{1}{4}\times[\mathrm{Cov}_P(X_1,X_2)+(4-1)\times r_{A(HS)}\times\mathrm{Cov}_A(X_1,X_2)]$$
$$=\frac{1}{4}\times[(-0.55)\times\sqrt{49\times225}+3\times0.25\times(-14.5847)]=-17.1721$$

再推导一下计算 P_{34} 的公式：

$$P_{34}=\mathrm{Cov}_P(\overline{X}_{1(HS)},\overline{X}_{2(HS)})$$
$$=\mathrm{Cov}_P\left[\frac{1}{4}\sum(X_{1a}+X_{1b}+X_{1c}+X_{1d}),\frac{1}{4}\sum(X_{2a}+X_{2b}+X_{2c}+X_{2d})\right]$$
$$=\frac{1}{16}\mathrm{Cov}_P\left[\sum(X_{1a}+X_{1b}+X_{1c}+X_{1d}),\sum(X_{2a}+X_{2b}+X_{2c}+X_{2d})\right]$$
$$=\frac{1}{16}\mathrm{Cov}_P\begin{bmatrix}\sum(X_{1a}X_{2a}+X_{1a}X_{2b}+X_{1a}X_{2c}+X_{1a}X_{2d}+\\ X_{1b}X_{2a}+X_{1b}X_{2b}+X_{1b}X_{2c}+X_{1b}X_{2d}+\\ X_{1c}X_{2a}+X_{1c}X_{2b}+X_{1c}X_{2c}+X_{1c}X_{2d}+\\ X_{1d}X_{2a}+X_{1d}X_{2b}+X_{1d}X_{2c}+X_{1d}X_{2d})\end{bmatrix}$$

$$= \frac{1}{16}[4\,\mathrm{Cov}_P(X_{1i},X_{2i}) + 12\,\mathrm{Cov}_P(X_{1i},X_{2j})]$$

$$= \frac{1}{4}[\mathrm{Cov}_P(X_{1i},X_{2i}) + 3\,\mathrm{Cov}_P(X_{1i},X_{2j})]$$

$$= \frac{1}{4}[\mathrm{Cov}_P(X_1,X_2) + 3\,\mathrm{Cov}_A(X_1,X_2)\cdot r_{A(HS)}]$$

其余元素以此类推进行计算。由此得到：

$$\boldsymbol{P}=\begin{bmatrix} 225.0000 & 9.9000 & -3.6462 & 19.6875 \\ 9.9000 & 1.4400 & -0.5977 & 0.8471 \\ -3.6462 & -0.5977 & 16.3844 & -17.1721 \\ 19.6875 & 0.8471 & -17.1721 & 71.0156 \end{bmatrix}$$

注意到，矩阵 $\boldsymbol{P}$ 是对称矩阵。

计算 $\boldsymbol{A}$ 矩阵，即 4 个信息性状与 3 个目标性状的育种值协方差矩阵：

$$\boldsymbol{A}=\begin{bmatrix} \mathrm{Cov}_A(X_{2(I)},X_1) & \mathrm{Cov}_A(X_{2(I)},X_2) & \mathrm{Cov}_A(X_{2(I)},X_3) \\ \mathrm{Cov}_A(X_{3(I)},X_1) & \mathrm{Cov}_A(X_{3(I)},X_2) & \mathrm{Cov}_A(X_{3(I)},X_3) \\ \mathrm{Cov}_A(\overline{X}_{1(HS)},X_1) & \mathrm{Cov}_A(\overline{X}_{1(HS)},X_2) & \mathrm{Cov}_A(\overline{X}_{1(HS)},X_3) \\ \mathrm{Cov}_A(\overline{X}_{2(HS)},X_1) & \mathrm{Cov}_A(\overline{X}_{2(HS)},X_2) & \mathrm{Cov}_A(\overline{X}_{2(HS)},X_3) \end{bmatrix}$$

联系前面已计算出的 3 个目标性状育种值方差-协方差矩阵 $\boldsymbol{G}$，有：

$A_{11}=\mathrm{Cov}_A(X_{2(I)},X_1)=-14.5847$

$A_{12}=\mathrm{Cov}_A(X_{2(I)},X_2)=78.7500$

$A_{31}=\mathrm{Cov}_A(\overline{X}_{1(HS)},X_1)=\mathrm{Cov}_A(X_1,X_1)=22.0500$

$A_{32}=\mathrm{Cov}_A(\overline{X}_{1(HS)},X_2)=\mathrm{Cov}_A(X_1,X_2)=-14.5847$

其余元素以此类推进行计算。由此得到：

$$\boldsymbol{A}=\begin{bmatrix} -14.5847 & 78.7500 & 3.3885 \\ -2.3907 & 3.3885 & 0.7200 \\ 22.0500 & -14.5847 & -2.3907 \\ -14.5847 & 78.7500 & 3.3885 \end{bmatrix}$$

亲缘系数对角矩阵 $\boldsymbol{D}$ 和经济加权值向量 $\boldsymbol{w}$ 分别是：

$$\boldsymbol{D}=\begin{bmatrix}1 & 0 & 0 & 0\\ 0 & 1 & 0 & 0\\ 0 & 0 & 0.25 & 0\\ 0 & 0 & 0 & 0.25\end{bmatrix}$$

$$\boldsymbol{w}=[1.2 \quad -0.6 \quad 0]$$

接下来求 $\boldsymbol{b}$：

$$\boldsymbol{b}=\boldsymbol{P}^{-1}\boldsymbol{DAw}=\begin{bmatrix}225.0000 & 9.9000 & -3.6462 & 19.6875\\ 9.9000 & 1.4400 & -0.5977 & 0.8471\\ -3.6462 & -0.5977 & 19.3844 & -17.1721\\ 19.6875 & 0.8471 & -17.1721 & 71.0156\end{bmatrix}^{-1}\cdot$$

$$\begin{bmatrix}-14.5847 & 78.7500 & 3.3885\\ -2.3907 & 3.3885 & 0.7200\\ 5.5125 & -3.6462 & -0.5977\\ -3.6462 & 19.6875 & 0.8471\end{bmatrix}\cdot\begin{bmatrix}1.2\\ -0.6\\ 0\end{bmatrix}$$

解该方程组，得到 $\boldsymbol{b}$：

$$\begin{bmatrix}b_{X_{2(I)}}\\ b_{X_{3(I)}}\\ b_{\overline{X}_{2(HS)}}\\ b_{\overline{X}_{3(HS)}}\end{bmatrix}=\begin{bmatrix}-0.1931\\ -1.8899\\ 0.3565\\ -0.0657\end{bmatrix}$$

注：关于矩阵求逆和矩阵相乘等的运算，均可通过使用 Excel 中的相应函数（MINVERSE、MMULT）实现。

因此，得到被估计个体 I 的 3 个性状的综合选择指数为：

$$\boldsymbol{I}=\boldsymbol{b}'\boldsymbol{X}=-0.1931\times(X_{2(I)}-\overline{X}_2)-1.8899\times(X_{3(I)}-\overline{X}_3)$$
$$+0.3565\times(\overline{X}_{1(HS)}-\overline{X}_1)-0.0657\times(\overline{X}_{2(HS)}-\overline{X}_2)=5.1675$$

综合选择指数的估计准确度为：$r_{HI}=\sqrt{\dfrac{\boldsymbol{b}'\boldsymbol{DAw}}{\boldsymbol{w}'\boldsymbol{Gw}}}=0.5659$。

综合育种值的选择进展为：$\Delta H=i\sqrt{\boldsymbol{b}'\boldsymbol{DAw}}=5.096i$。

各性状育种值的选择进展为：$\Delta a'=\dfrac{i\boldsymbol{b}'\boldsymbol{DA}}{\sqrt{\boldsymbol{b}'\boldsymbol{DAw}}}$

$$=[1.8719 \quad -4.7495 \quad -0.4481]\cdot i,$$

注：在多性状综合选择指数的计算中，$\Delta a'$并不是一个具体的数值。

9.2.4 制订综合选择指数应注意的事项

①突出育种目标性状。一个选择指数以包括 2～4 个重要的选择性状为宜。如父系猪选择的目标性状是达到 100 kg 体重的日龄和活体背膘厚，母系猪选择再增加一个总产仔数。

②用于遗传评定的信息性状应该是容易度量的性状。信息性状是那些容易度量、遗传力较高并与目标性状遗传相关较大的性状。如将猪的增重速度、饲料利用率和瘦肉率作为目标性状，而把增重和活体背膘厚当作信息性状。

③信息性状尽可能是家畜早期性状，这样进行早期选种就可以缩短世代间隔。如家禽用 300 日龄的产蛋量、奶牛用第 1 个泌乳期的产奶量、绵羊用 1 周岁的剪毛量等，把它们当作信息性状来估计全期的生产力水平。

④目标性状中尽量避免有高的负遗传相关性状。

9.3 实验作业与思考

1. 对表 9-3 的蛋鸡资料，计算一个产蛋数、蛋重和开产日龄三个性状的综合选择指数。设产蛋数的 $w_1=0.4$，$h_1^2=0.2$；蛋重的 $w_2=0.3$，$h_2^2=0.5$；开产日龄的 $w_3=0.3$，$h_3^2=0.3$。通过所制订的综合选择指数，选出 5 只最好的母鸡留种。

表 9-3　用于制订选择指数的蛋鸡的资料

鸡号	产蛋数/(个/年)	蛋重/g	开产日龄/d
001	261	58.38	179
002	222	59.42	202
003	250	60.87	176
004	234	56.90	187
005	227	59.77	192
006	220	60.65	177
007	258	60.53	176
008	231	57.93	178
009	241	58.47	178
010	200	59.05	179
011	240	62.27	189

续表 9-3

鸡号	产蛋数/(个/年)	蛋重/g	开产日龄/d
012	250	57.40	176
013	230	58.87	176
014	240	59.93	205
015	290	53.93	199
016	260	62.85	192
017	220	64.00	193
018	229	59.03	177
019	267	60.10	180
020	277	66.01	170
平均	242.4	59.80	181.1

2.综合选择指数法与其他多性状选择方法如顺序选择法、独立淘汰法相比的优缺点。

3.要深刻理解家畜选种的目的,选种的目的并不是在当代选择出表现最好的个体,而是在当代挑选出种用价值最高的个体,并且个体的种用价值能够稳定地遗传给其后代,后代的表现最好。这也间接地说明了后裔选择是评价个体种用价值最准确的方法。但考虑到不同畜种的世代间隔不同、系谱资料差异等原因,在生产实践中,一般对个体大、世代间隔长的畜种如奶牛的选种,尤其是种公牛的选择使用后裔测验,其他畜种一般不使用后裔测验,如对于猪和鸡,使用同胞或半同胞测验就可以得到很好的选择效果。

实验 10　系谱的编制与利用

10.1　实验目的与内容

10.1.1　实验目的

掌握系谱编制的基本原理和方法，并能根据系谱分析家畜间的亲缘关系；学会使用罗马数字表示法评定家畜的亲缘程度。

10.1.2　实验内容

横式系谱、竖式系谱、箭头式系谱以及结构式系谱的编制原理和方法；家畜间亲缘程度的评定方法。

10.2　实验原理与方法

10.2.1　实验器材

绘图铅笔、直尺和牧场的家畜系谱资料等。

10.2.2　实验原理

10.2.2.1　个体系谱的编制

系谱就是个体及其父母和祖先的编号记录（用于系谱审查的系谱，还需要记录生产性能成绩及有无遗传缺陷等），是用来描述个体间亲缘关系及个体特性的图谱。对于一头种畜或候选种畜，要求有尽可能完整的系谱记录。系谱在育种工作中的作用举足轻重。利用准确的系谱信息可以掌握家畜个体间亲缘关系及个体特性，并能进一步计算群体的近交系数，来指导家畜的选种选配等。亲缘程度的评定也是家畜育种中一项经常性的工作，其主要内容包括近交程度分析和个体间亲缘相关程度分析。近交程度分析主要是进行个体及群体近交系数的计算，以及不同个体交配所生后代的近交系数计算，亲缘相关程度分析即个体间亲缘系数的计算，具体见实验 11。

个体系谱分为横式系谱、竖式系谱、箭头式系谱和结构式系谱。

(1)横式系谱

横式系谱是按“子代在左、亲代在右、公畜在上、母畜在下”的原则来填写的。系谱正中可画一横线，上半部为父系祖先，下半部为母系祖先。

横式系谱模式如图 10-1 所示：

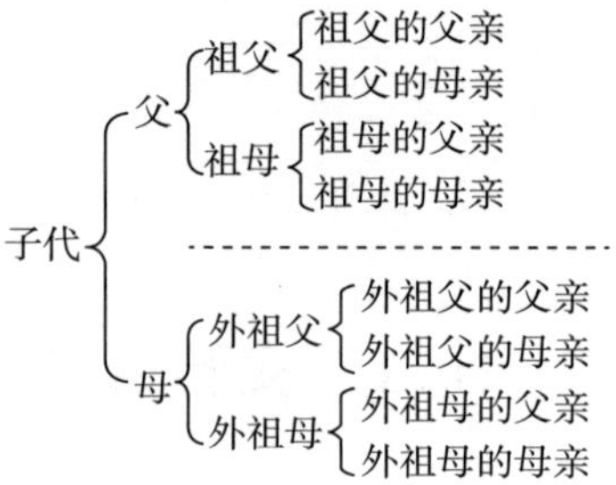

图 10-1　横式系谱模式

例：现有 7 个个体及其父母信息的记录如表10-1所示，M 即雄性，F 即雌性。

表 10-1　个体及其父母信息记录

个体号	性别	父亲	母亲
80	M	29	30
30	F	27	22
93	M	51	22
90	F	29	28
91	M	93	90
96	F	80	30
98	M	91	96

则 98 号个体的横式系谱图可表示为(图 10-2)：

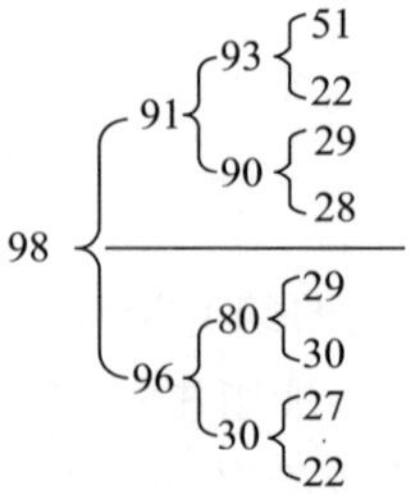

图 10-2　98 号个体的横式系谱

(2)竖式系谱

竖式系谱实际上是将横式系谱沿顺时针方向旋转 90°而得，即按“子代在上、亲代在下、公畜在右、母畜在左”的格式依次填写，见表 10-2。

表 10-2　竖式系谱格式

子代							
母				父			
外祖母		外祖父		祖母		祖父	
外祖母的母亲	外祖母的父亲	外祖父的母亲	外祖父的父亲	祖母的母亲	祖母的父亲	祖父的母亲	祖父的父亲

同样以上述 98 号个体为例，其竖式系谱绘制如图 10-3 所示：

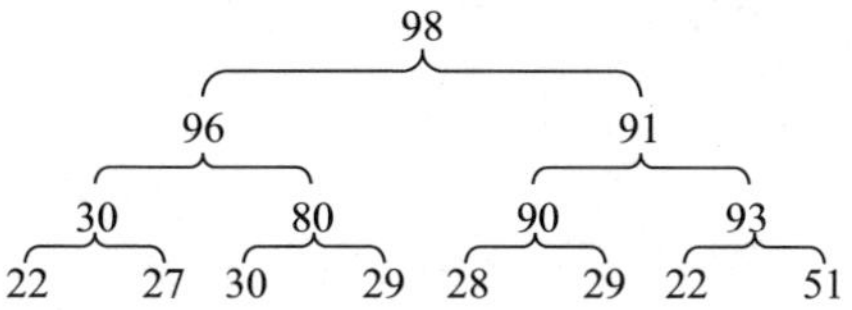

图 10-3　98 号个体的竖式系谱

(3)箭头式系谱

箭头式系谱是专供评定个体间亲缘程度时使用的一种格式，凡与此无关的个体都可不必在图中画出。编制原则与方法如下：

①找出共同祖先；

②箭头由祖先指向后代，每个箭头代表一代；

③每个个体在系谱中只能出现一次；

④共同祖先的父母与共同祖先以外的个体没有直接血缘关系，就不必列出(称为“去尾巴”)；

⑤反映亲缘关系通径链以外的个体也不必列出。

仍以上述 98 号个体为例，其箭头式系谱绘制如图 10-4 所示。

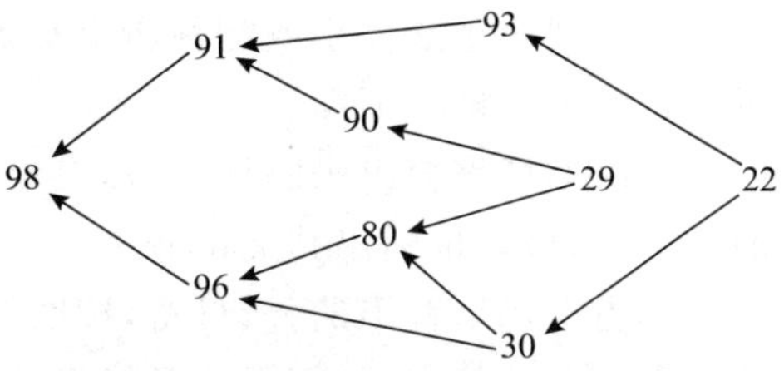

图 10-4　98 号个体的箭头式系谱

(4)结构式系谱

结构式系谱较简单，无须注明各项内容，只要能表明系谱中个体间的亲缘关系即可。编制原则与方法如下：

①公畜用方块“□”表示，母畜用圆圈

“○”表示。

②绘图前先把出现次数最多的共同祖先找出来，放在一个合适的位置上，以免线条过多交叉。

③为使绘图清晰，可将同一代的祖先放在一个水平线上。有的共同祖先可能在几个世代中重复出现，则可将它放在最早出现的那一代位置上。

④同一头家畜，不论它在系谱中出现了多少次，只能占据一个位置，出现多少次就用多少根线条来连接。

仍以上述98号个体为例，其结构式系谱绘制如图10-5所示：

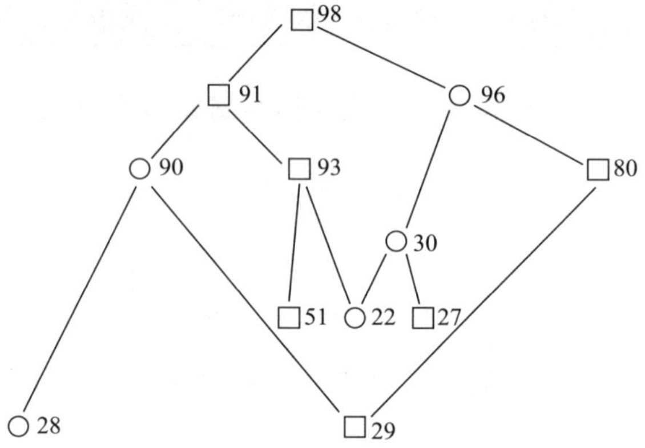

图10-5　98号个体的结构式系谱

10.2.2.2　畜群系谱的编制

畜群系谱是为整个畜群统一编制的，它依据整个畜群的血统关系，按交叉排列的方法编制，利用畜群系谱可查明畜群中不同个体的血统关系、近交的有无和程度等。其编制的基本原则和方法如下：

①用方块“□”表示公畜，用圆圈“○”表示母畜。畜号写在它们的右上方。如该个体已被淘汰、出售或死亡，可加以标记。

②将年龄最大，且父母不明的母畜放在畜群系谱的最下面。本场使用(配种)过的公畜则按年龄大小或配种历史长短垂直排列在系谱图的左侧，年龄大的、配种时间长的公畜排在下面。

③由本场培育出来的种公畜，应设法在系谱图中标明其血统关系；由场外引入的种公畜，最好也标出其父母号。

④由本场培育出的公、母畜，标明其父、母亲的方法是：由该公、母畜往左引一条水平线至其父亲，往下引一条线至其母亲。如图10-6所示。

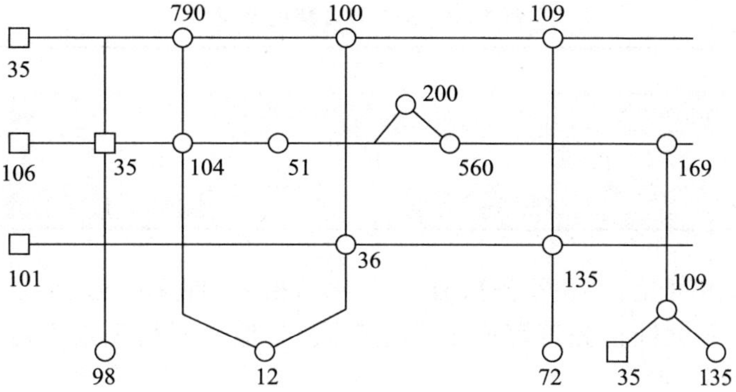

图 10-6　畜群系谱

10.2.2.3　罗马数字表示法评定家畜的亲缘程度

罗马数字表示法是通过使用罗马数字表示共同祖先在系谱中所处位置(世代数)来标识其近交程度的一种方法,具体步骤如下。

(1)标示系谱中的共同祖先

根据牧场提供的系谱资料,查看系谱中父系和母系双方有无共同祖先。如有,可用△、☆、√等符号将其标出来。

(2)写出共同祖先在母系和父系中出现的世代数

用罗马数字分别写出共同祖先在母系和父系中出现的世代数,中间用横线(-)隔开,横线左端为共同祖先出现在母系中的世代数,横线右端为共同祖先出现在父系中的世代数。

(3)确定近交程度

横线两边数字之和为 3 或 4 者称为嫡亲交配,如:Ⅰ-Ⅱ,Ⅱ-Ⅱ,Ⅰ-Ⅲ,Ⅲ-Ⅰ;

横线两边数字之和为 5 或 6 者称为近亲交配,如:Ⅱ-Ⅲ,Ⅲ-Ⅱ,Ⅲ-Ⅲ,Ⅰ-Ⅳ,Ⅳ-Ⅰ,Ⅱ-Ⅳ,Ⅳ-Ⅱ等;

横线两边数字之和为 6、7、8 者称为中亲交配,如:Ⅲ-Ⅳ,Ⅳ-Ⅲ,Ⅵ-Ⅱ,Ⅱ-Ⅵ,Ⅰ-Ⅵ,Ⅵ-Ⅰ,Ⅰ-Ⅴ,Ⅴ-Ⅰ等;

横线两边数字之和在 8 以上者称为远亲交配,如Ⅳ-Ⅳ,Ⅲ-Ⅴ,Ⅴ-Ⅲ,Ⅱ-Ⅵ,Ⅵ-Ⅱ,Ⅴ-Ⅴ,Ⅴ-Ⅵ,Ⅵ-Ⅴ,Ⅵ-Ⅵ,Ⅰ-Ⅶ,Ⅶ-Ⅰ等。

上述 4 种亲缘交配中,近交程度最高的为全同胞交配(Ⅱ-Ⅱ)、母子交配(Ⅰ-Ⅱ)和父女交配(Ⅱ-Ⅰ),其次为半同胞交配(Ⅱ-Ⅱ),再次为祖孙交配(Ⅰ-Ⅲ或Ⅲ-Ⅰ)。

例如,351 号公猪的系谱如表 10-3 所示:

表 10-3　351 号公猪的系谱

351								
120				135				Ⅰ(亲代)
48		105△		8&		105△		Ⅱ(祖代)
6	103☆	8&	11※	4	103☆	8&	11※	Ⅲ(曾祖代)

由上述系谱可见，351 号公猪有 4 个共同祖先，即 105 号、8 号、103 号和 11 号。因此，105 号共同祖先可写成 105Ⅱ-Ⅱ形式，其他共同祖先依次可写成 8Ⅲ-Ⅱ、103Ⅲ-Ⅲ和 11Ⅲ-Ⅲ。

根据 105Ⅱ-Ⅱ可评定，351 号公猪是同父异母的半同胞兄妹交配所生，属于嫡亲交配；而从 8 号、103 号和 11 号共同祖先来分析，351 号公猪是近亲交配的结果。

10.3　实验作业与思考

1.根据下列资料，分别绘出 35 号公牛的横式系谱、竖式系谱和箭头式系谱。

35 号公牛，生于 2022 年，初生重 40 kg。

母：7248 号	父：15 号
外祖父：8 号	祖父：8 号
外祖母：6612 号	祖母：6756 号
外祖母的父亲：3 号	祖父的父亲：3 号
外祖父的母亲：5802 号	祖母的母亲：6115 号

2.罗马数字表示法是定性表示个体近交程度的方法，要定量分析即所谓量化个体的近交程度，则需要计算出个体的近交系数。

实验 11　近交系数和亲缘系数的计算

11.1　实验目的与内容

11.1.1　实验目的

掌握计算近交系数的三种方法；熟悉不同情况下亲缘系数的计算。

11.1.2　实验内容

近交系数的不同计算方法；不同亲属间亲缘系数的计算方法；不同情况下的群体近交系数的计算等。

11.2　实验原理与方法

11.2.1　个体近交系数的计算

近交系数的概念是由 Wright(1921)首先提出的，他将近交系数定义为配子基因效应间的相关，用 F 表示。来自父母双方的两配子基因效应相关的原因在于两基因功能相同，两基因功能相同的根源在于它们来自同一祖先。因此，Malecot(1948)将近交系数定义为一个个体同一基因座上的两个基因为同源相同基因的概率。近交系数 F 的取值范围为 0～1。近亲交配双方的亲缘程度越大，其后代的近交系数也越大。

(1)公式法

根据通径系数原理，个体 x 的近交系数即形成 x 个体的两个配子间的相关系数，用 F_x 表示：

$$F_x = \sum \left[\left(\frac{1}{2} \right)^{n_1+n_2+1} (1 + F_A) \right]$$

式中：F_x 为个体 x 的近交系数；n_1 为父亲到共同祖先的世代数；n_2 为母亲到共同祖先的世代数；F_A 为共同祖先自身的近交系数；$n_1+n_2+1=N$，为连接亲本到共同祖先相关通径链中的个体数。

如果共同祖先不是近交个体，即 $F_A=0$，公式简化为：$F_x = \sum \left(\frac{1}{2} \right)^{n_1+n_2+1}$。

半同胞后代（图 11-1）的近交系数为：$F_x=\left(\frac{1}{2}\right)^{1+1+1}=\frac{1}{8}=12.5\%$。

全同胞后代（图 11-2）的近交系数为：$F_x=\left(\frac{1}{2}\right)^{1+1+1}+\left(\frac{1}{2}\right)^{1+1+1}=\frac{1}{4}=25\%$。

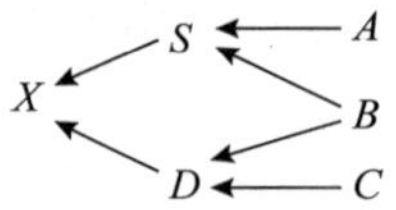

图 11-1　半同胞交配系谱

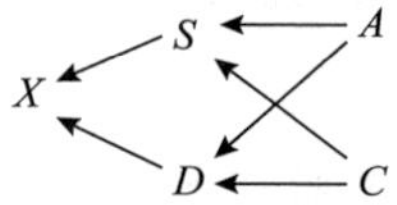

图 11-2　全同胞交配系谱

亲子交配后代（图 11-3）的近交系数为：$F_x=\left(\frac{1}{2}\right)^{1+0+1}=25\%$。

共同祖先自身是近交个体的情况下（图 11-4），个体 x 的近交系数为：

$$F_x=\left(\frac{1}{2}\right)^{1+1+1}\left[1+\left(\frac{1}{2}\right)^{1+1+1}\right]=14.06\%$$

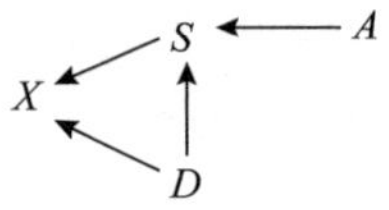

图 11-3　亲子交配系谱

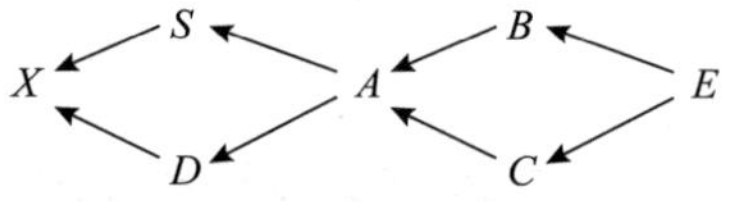

图 11-4　共同祖先为近交个体时的系谱

根据通径系数原理，可推导近交系数的迭代公式如下：

连续自交下，第 t 代个体的近交系数为：$F_t=\frac{1}{2}(1+F_{t-1})$；

连续用全同胞交配，第 t 代个体的近交系数为：$F_t=\frac{1}{4}(1+2F_{t-1}+F_{t-2})$；

连续用半同胞交配，第 t 代个体的近交系数为：$F_t=\frac{1}{8}(1+6F_{t-1}+F_{t-2})$；

连续与同一个体回交情况下，第 t 代个体的近交系数为：$F_t=\frac{1}{4}(1+2F_{t-1})$。

(2)共亲系数法

一个个体的近交系数依赖于双亲的共同祖先数,两亲本由于基因同源而产生的相关称为共亲系数,用 C 表示。任意两个个体的共亲系数等于二者交配所生后代的近交系数。因此,利用共亲系数法计算个体近交系数的基本原理与公式法相同。

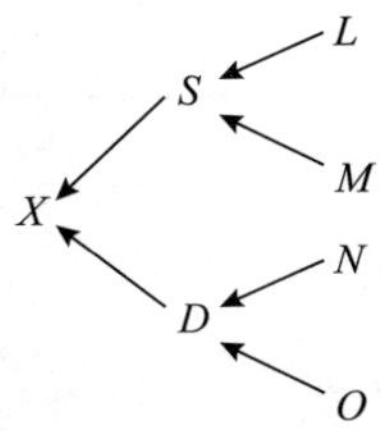

图 11-5　任意系谱

假设有如图 11-5 的系谱,X 的亲本 S 产生的两配子分别为 a、b,另一亲本 D 产生的两配子分别为 c、d;$P(a=b)$表示配子 a、b 来源于同一共同祖先的概率。因此,S、D 的共亲系数为:

$$C_{SD}=\frac{1}{4}[P(a=c)+P(a=d)+P(b=c)+P(b=d)]$$

两个体的共亲系数又等于各自父母共亲系数的平均数,也等于一个体与另一个体亲本共亲系数的平均数,即:

$$C_{SD}=\frac{1}{4}(C_{LN}+C_{LO}+C_{MN}+C_{MO})=\frac{1}{2}(C_{SN}+C_{SO})=\frac{1}{2}(C_{DL}+C_{DM})$$

某个体与其自身的共亲系数等于该个体任一随机基因与该位点随机基因同源相同的概率。就二倍体而言,一个基因与其自身同源相同的概率为 1,而与该位点另一基因同源相同的概率为个体的近交系数 F,两个概率的平均数即为该个体与其自身的共亲系数,即:

$$C_{XX}=\frac{1}{2}(1+F_X)\Rightarrow F_X=2C_{XX}-1$$

(3)列表法

当只计算某一个体的近交系数时,用公式法或共亲系数法都很容易计算。若需计算个体间相互有亲缘关系的一个群体中各个体的近交系数,用列表法更为简单。下面举例说明。

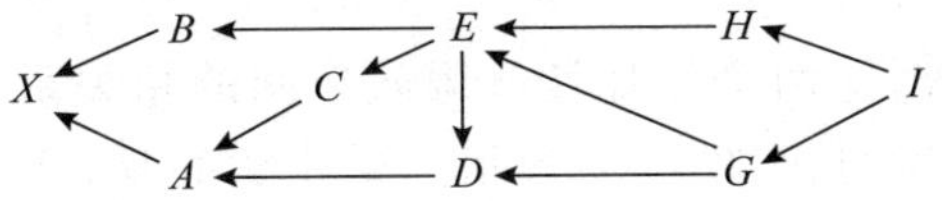

图 11-6　个体 X 的系谱

假设有 A、B、C、D、E、G、H、I、X 等个体组成的小群体,个体相互间的关系如图 11-6 所示,现用列表法求群体中各个体的近交系数。

①将系谱中所有个体按世代先后排列在表的首行和首列(表 11-1)；

表 11-1 个体间的共亲系数

		I	I	HG	GE	E	E	DC	BA
	I	H	G	E	D	C	B	A	X
I	1/2	1/4	1/4	1/4	1/4	1/8	1/8	3/16	5/32
H		1/2	1/8	5/16	7/32	5/32	5/32	6/32	11/64
G			1/2	5/16	13/32	5/32	5/32	9/32	7/32
E				9/16	14/32	9/32	9/32	23/64	41/128
D					21/32	7/32	7/32	7/16	21/64
C						1/2	9/64	23/64	1/4
B							1/2	23/128	87/256
A								39/64	101/256
X									151/256

②将各个体的父母标在首行各个体的上方，未知者不标，且其近交系数视为 0；

③根据下列公式依次计算个体两两间的共亲系数，计算结果如表 11-1 所示。

$$F_X = C_{X_sX_d}; C_{XX} = \frac{1}{2}(1+F_X); F_X = 2C_{XX}-1$$

$$C_{XY} = C_{YX} = \frac{1}{2}(C_{XY_s}+C_{XY_d}) = \frac{1}{4}(C_{X_sY_s}+C_{X_sY_d}+C_{X_dY_s}+C_{X_dY_d})$$

④根据表 11-1 中对角线上的数据，即可求出各个体的近交系数，分别为：

$$F_I = F_H = F_G = F_C = F_B = 0$$

$$F_E = \frac{1}{8}; F_D = \frac{5}{16}; F_A = \frac{7}{32}; F_X = \frac{23}{128}$$

11.2.2 亲缘系数的计算

亲缘系数是指两个体间的遗传相关系数，即两个体加性基因效应间的相关系数，用 R_{SD} 表示。亲缘系数与近交系数的区别可用图 11-7 表示。要注意的是，F_x 反映的是组成 x 个体的两个配子间的相关程度，而亲缘系数体现的是 x 个体的两亲本间的遗传相关程度。

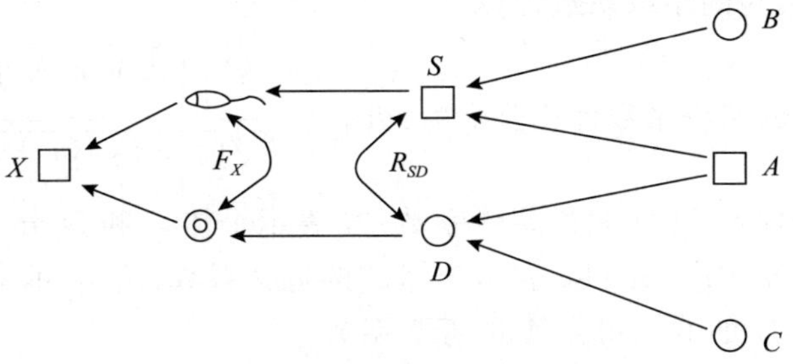

图 11-7　亲缘系数与近交系数间的关系

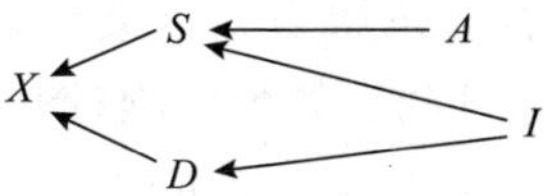

图 11-8　亲缘系数示意图

凡是有亲缘关系的动物个体间，其基因流动关系有两种情况：一是单纯地由亲代向子代进行传递，称为直系亲缘关系，有直系亲缘关系的个体相互称为直系亲属；二是复杂地由同一祖先构成的彼此间的亲缘关系，称为旁系亲缘关系，有旁系亲缘关系的个体相互称为旁系亲属。如图 11-8 所示，X 个体与 S、D、A 和 I 间，S 与 A 和 I 间，D 与 I 间均为直系亲缘关系，而 S 与 D 间、D 与 A 间则为旁系亲缘关系。

(1)直系亲属间的亲缘系数计算

个体 x 与其某个直系亲属间的亲缘系数计算公式为：

$$R_{xA} = \sum \left(\frac{1}{2}\right)^N \sqrt{\frac{1+F_A}{1+F_x}}$$

式中：R_{xA} 为个体 x 与其直系亲属 A 的亲缘系数；N 为由个体 x 到其直系亲属 A 的世代数；F_x 为个体 x 的近交系数；F_A 为个体 A 的近交系数。

例如，X、D、S、I 个体间的关系如图 11-9 所示，试计算 X 个体与 S 个体间的亲缘系数。

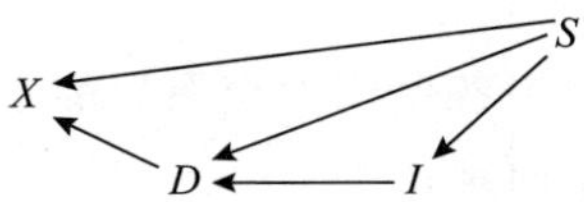

图 11-9　X 个体系谱

$$F_X = \left(\frac{1}{2}\right)^{1+0+1} + \left(\frac{1}{2}\right)^{2+0+1} = 0.375, F_S = 0$$

$$R_{XS} = \left[\left(\frac{1}{2}\right)^1 + \left(\frac{1}{2}\right)^2 + \left(\frac{1}{2}\right)^3\right]\sqrt{\frac{1+0}{1+0.375}} = 0.7461$$

(2)旁系亲属间的亲缘系数计算

旁系亲属间的亲缘系数计算公式为：$R_{SD}=\dfrac{\sum\left[\left(\frac{1}{2}\right)^{N}(1+F_A)\right]}{\sqrt{(1+F_S)(1+F_D)}}$

式中：R_{SD}表示个体 S 和 D 间的亲缘系数；N 表示个体 S 和 D 分别到共同祖先的世代数之和，即：$N=n_1+n_2$；F_S 表示个体 S 的近交系数；F_D 表示个体 D 的近交系数；F_A 表示 S 和 D 的共同祖先 A 的近交系数。

需要注意的是，个体的近交系数实际等于双亲的亲缘系数乘以$\dfrac{\sqrt{(1+F_S)(1+F_D)}}{2}$。若双亲均为非近交个体，即 $F_S=F_D=0$，则个体的近交系数等于其双亲亲缘系数的 1/2。如半同胞(图 11-10)的亲缘系数为：

$$R_{SD}=\frac{\left(\frac{1}{2}\right)^2\times(1+0)}{\sqrt{(1+0)\times(1+0)}}=\frac{1}{4}=0.25=2F_x$$

全同胞(图 11-11)的亲缘系数为：

$$R_{SD}=\frac{\left[\left(\frac{1}{2}\right)^2+\left(\frac{1}{2}\right)^2\right]\times(1+0)}{\sqrt{(1+0)\times(1+0)}}=\frac{1}{2}=0.5=2F_x$$

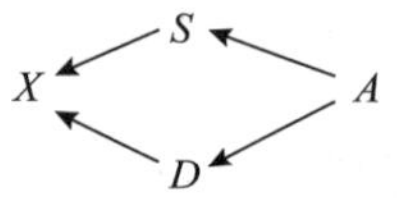

图 11-10 半同胞示意

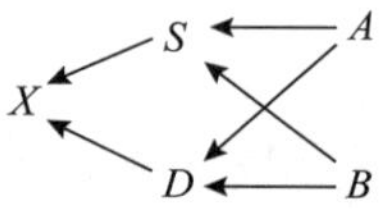

图 11-11 全同胞示意

11.2.3 群体近交系数的计算

群体近交系数可以用畜群中各个体近交系数的平均数来表示。群体近交系数的计算方法视群体结构和大小而定。

(1)规则近交群体的近交系数计算

所谓规则近交，即亲缘关系相同的个体间交配，且每代都相同。例如，每代都用全同胞交配、半同胞交配、亲子交配等。一些常见的规则近交各代的近交系数如表 11-2 所示。

表 11-2　规则近交下各代的近交系数

近交世代	全同胞交配	半同胞交配	亲子交配	与同一亲本($F=0$)回交
1	0.250	0.125	0.250	0.250
2	0.375	0.219	0.375	0.375
3	0.500	0.305	0.500	0.438
4	0.594	0.381	0.594	0.469
5	0.672	0.449	0.672	0.484
⋮	⋮	⋮	⋮	⋮
∞	1	1	1	0.500

(2)小群体近交系数的计算

当畜群规模较小时,可分别求出各个体的近交系数 F_X,以个体 F_X 的平均数来表示群体的近交系数;也可将畜群中的个体按近交程度分类,以各类近交系数的加权值来表示群体的近交系数。

(3)大群体近交系数的计算

当群体较大时,可根据生物统计学原理,随机抽取一定数量的个体组成样本,逐步计算样本中各个体的近交系数 F_X,以样本平均数 $\overline{F}_X$ 来表示群体的近交系数。

(4)封闭群体近交系数的计算

对于长期不引进外血的闭锁畜群,其群体平均近交系数可采用下述方法进行估计。

当每代近交系数增量 ΔF 不变时,其近交系数的计算公式为:

$$F_t=1-(1-\Delta F)^t$$

当每代近交系数增量 ΔF 有变化时,其近交系数的计算公式为:

$$F_t=\Delta F+(1-\Delta F)F_{t-1}$$

式中:F_t 为第 t 世代的畜群近交系数;F_{t-1} 为第 $t-1$ 世代畜群近交系数;ΔF 为每代近交系数增量,$\Delta F=\frac{1}{2N_e}=\frac{1}{2t}\left(\frac{1}{N_1}+\frac{1}{N_2}+\cdots+\frac{1}{N_t}\right)$;$N_e$ 为有效群体含量,t 为世代数。

ΔF 的计算公式因留种方式不同可作简化。

①当各家系不等量留种时:$\Delta F=\frac{1}{8N_S}+\frac{1}{8N_D}$

式中：N_S 为每代参加配种的公畜数；N_D 为每代参加配种的母畜数。

②当各家系等量留种时：$\Delta F=\frac{1}{32N_S}+\frac{1}{32N_D}$

当 $N_D \gg N_S$ 时，$\Delta F=\frac{1}{8N_S}$（各家系内不等量留种），或 $\Delta F=\frac{1}{32N_S}$（各家系内等量留种）。

一般地，当畜群中母畜数在 12 头以上时，可略去母畜的部分。为防止近交衰退的发生，提倡各家系等量留种。

利用 SAS 程序计算近交系数和加性遗传相关的示例见附录 4。

11.3 实验作业与思考

1. 现有个体系谱如图 11-12 所示，计算：

1）用罗马数字法表示个体 X 的近交程度。

2）用公式法或共亲系数法计算个体 X 的近交系数。

3）用列表法计算图中各个体的近交系数。

4）计算个体 S 与个体 D 的亲缘系数。

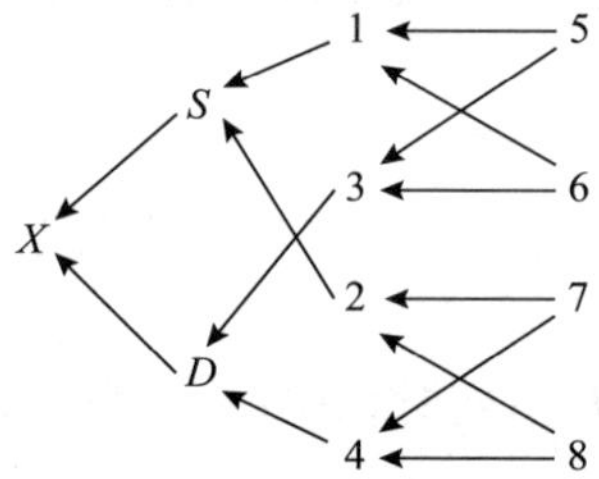

图 11-12 个体 X 的系谱

2. 在生产实践中，理论上一般认为近交会导致近交衰退的发生，实际情况也大都如此。例如，在使用近交建系法建立新品系的过程中，经过几个世代的连续近交（亲子交配或全同胞交配），很快群体会出现繁殖力和生活力下降等情况。但我国的五指山猪却是一个特例，它是近交建系的成功范例。北京畜牧兽医研究所的科研人员采用近交建系法，经 17 世代的全同胞交配后，培育出可用于人体器官移植的小型实验猪新品系。可见，出于特殊的育种目的，也是可以使用近交系进行品系繁育的。

实验 12 个体间加性遗传相关的计算

12.1 实验目的与内容

12.1.1 实验目的

掌握个体间加性遗传相关的概念和加性遗传相关矩阵的构建方法;熟悉个体间加性遗传相关矩阵的应用。

12.1.2 实验内容

加性遗传相关矩阵的构建;利用加性遗传相关矩阵来计算近交系数和亲缘系数。

12.2 实验原理与方法

个体 X 和 Y 之间的加性遗传相关是指在它们的基因组中具有同源相同(identical by descent,IBD)基因的比例,或者说从个体 X 的基因组中随机抽取的一个基因在个体 Y 的基因组中也存在的概率,也可被理解为个体 X 和 Y 育种值之间的协方差。例如,当不存在近交时,一个亲本与它的后代之间的加性遗传相关为 0.5,因为该亲本传递了一半的基因给其后代,所以它们的基因组中有一半是相同的。同理,全同胞之间的加性遗传相关为 0.5,半同胞之间的为 0.25,祖孙之间的为 0.25。

一般地,任意两个个体 X 和 Y 之间的加性遗传相关 a_{XY} 的计算公式为:

$$a_{XY}=\sum\left[\left(\frac{1}{2}\right)^{n_1+n_2}(1+F_A)\right]=\sum\left[\left(\frac{1}{2}\right)^{N}(1+F_A)\right]$$

式中：n_1 为个体 X 到共同祖先的世代数；n_2 为个体 Y 到共同祖先的世代数；$N=n_1+n_2$，为从个体 S 经共同祖先再到个体 D 的这一通径链所经过的世代数；F_A 为共同祖先 A 的近交系数。

从上面这个公式可以看出，个体间加性遗传相关就等于个体间亲缘系数计算公式的分子，因而又称之为分子亲缘相关。在预测育种值时需要构建该加性遗传相关矩阵，也就是构建分子亲缘相关矩阵，此叫法也是由此而来的。一个个体的近交系数等于其双亲加性遗传相关的1/2。因为一个个体 X 与其本身的加性遗传相关 a_{XX} 就等于其近交系数再加上1，即：$a_{XX}=F_X+1$，所以有：$F_X=a_{XX}-1$。

对于一个群体，所有 n 个个体相互间的加性遗传相关可用如下矩阵表示：

$$\begin{bmatrix} a_{11} & a_{12} & \cdots & a_{1n} \\ a_{21} & a_{22} & \cdots & a_{2n} \\ \vdots & \vdots & \vdots & \vdots \\ a_{n1} & a_{n2} & \cdots & a_{nn} \end{bmatrix}$$

当利用上述公式计算个体间的加性遗传相关时，仍需要先绘制出箭头式系谱。对于大规模结构复杂的群体来说，计算过程较为繁杂，难以进行，因此通常采用如下递推公式并按步骤进行计算。

①辨清横式系谱，上为♂（父系），下为♀（母系）；

②从上代到下代依次排成矩阵形式；

③如各个体的亲代已知，则在上一行中列出。

由此列出个体间加性遗传相关矩阵表的形式。

对角线上元素的值，其计算公式为：

$$a_{ii}=\frac{1}{2}a_{s_i d_i}+1$$

式中：$a_{s_i d_i}$ 为个体 i 的父母间的加性遗传相关，如系谱不全则为0。

对角线上方元素的值，其计算公式为：

$$a_{ij}=\frac{1}{2}(a_{is_j}+a_{id_j})$$

式中：i 为行号，j 为列号；s_j 为第 j 列的父亲号；d_j 为第 j 列的母亲号。a_{is_j} 为第 i 行的个体（即个体 i）与个体 j 的父亲间的遗传相关值；a_{id_j} 为第 i 行的个体与个体 j 的母亲间的遗传相关值。

需注意的是：$a_{ij}=a_{ji}$，但必须先算 a_{ij}，然后填入对角线上方，不可先算 a_{ji}，并且须以行为单位从左到右一行一行求解。

例:有如下横式系谱(图 12-1),用构建加性遗传相关矩阵的递推公式和递归方法(递推归纳法)计算各个体的近交系数。

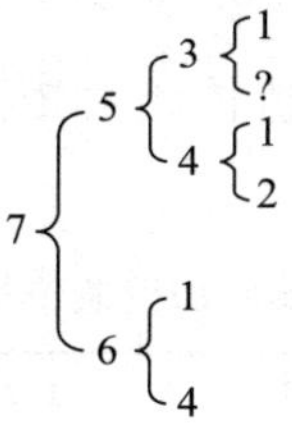

图 12-1　个体 7 的横式系谱

列出个体间加性遗传相关矩阵表(表 12-1):

表 12-1　个体间加性遗传相关矩阵表

			1-	**1 2**	**3 4**	**1 4**	**5 6**
	1	**2**	**3**	**4**	**5**	**6**	**7**
1	a_{11}	a_{12}	a_{13}	a_{14}	a_{15}	a_{16}	a_{17}
2		a_{22}	a_{23}	a_{24}	a_{25}	a_{26}	a_{27}
3			a_{33}	a_{34}	a_{35}	a_{36}	a_{37}
4				a_{44}	a_{45}	a_{46}	a_{47}
5		下三角			a_{55}	a_{56}	a_{57}
6						a_{66}	a_{67}
7							a_{77}

则,分别依据对角线上元素和对角线上方元素的计算公式,有:

$$a_{11}=(0/2)+1=1$$

$$a_{12}=(0+0)/2=0$$

$$a_{13}=(1+0)/2=0.5$$

$$a_{14}=(1+0)/2=0.5$$

$$a_{15}=(0.5+0.5)/2=0.5$$

$$a_{16}=(1+0.5)/2=0.75$$

$$a_{17}=(0.5+0.75)/2=0.625$$

$$a_{22}=0+1=1$$

$$a_{23}=(0+0)/2=0$$

$$a_{24}=(0+1)/2=0.5$$

$$a_{25}=(0+0.5)/2=0.25$$

$$a_{26}=(0+0.5)/2=0.25$$

$$a_{27}=(0.25+0.25)/2=0.25$$

其他元素依次计算，得到加性遗传相关矩阵的上三角元素的值(表 12-2)，注意到该矩阵为对称矩阵。

表 12-2　个体间加性遗传相关矩阵结果

	1	**2**	**1-** **3**	**1 2** **4**	**3 4** **5**	**1 4** **6**	**5 6** **7**
1	1	0	0.5	0.5	0.5	0.75	0.625
2		1	0	0.5	0.25	0.25	0.25
3			1	0.25	0.625	0.375	0.5
4				1	0.625	0.75	0.6875
5					1.125	0.5625	0.84375
6						1.25	0.90625
7							1.28125

因为加性遗传相关被定义为 2 倍的共亲系数，而共亲系数又是二者所生后代的近交系数。

根据 $a_{ii}=\frac{1}{2}a_{s_i d_i}+1$，所以有：$a_{ii}=F_X+1$，即对角线的值减去 1 为第 i 个个体的近交系数，即 $F_X=a_{ii}-1$。

所以，对于本例，有：

$F_1=F_2=F_3=F_4=0$

$F_5=0.125$

$F_6=0.25$

$F_7=0.28125$

实际上，利用构建出的加性遗传相关矩阵，还可以方便地计算出不同个体间的亲缘系数。计算公式为：

$$R_{ij}=\frac{\mathrm{Cov}_A(i,j)}{\sigma_A(i)\cdot\sigma_A(j)}=\frac{a_{ij}}{\sqrt{a_{ii}\cdot a_{jj}}}$$

例如，对于上面的例子，个体 5 和 6，以及个体 1 和 7 之间的亲缘系数分别为：

$$R_{56}=\frac{a_{56}}{\sqrt{a_{55}\cdot a_{66}}}=\frac{0.5625}{\sqrt{1.125\times 1.25}}=0.4743$$

$$R_{71}=\frac{a_{71}}{\sqrt{a_{77}\cdot a_{11}}}=\frac{0.625}{\sqrt{1.28125\times 1.0}}=0.55217$$

利用 SAS 程序计算个体间加性遗传相关见附录 4。

12.3　实验作业与思考

1. 有如下箭头式系谱(图 12-2),试通过构建个体间加性遗传相关矩阵,计算:

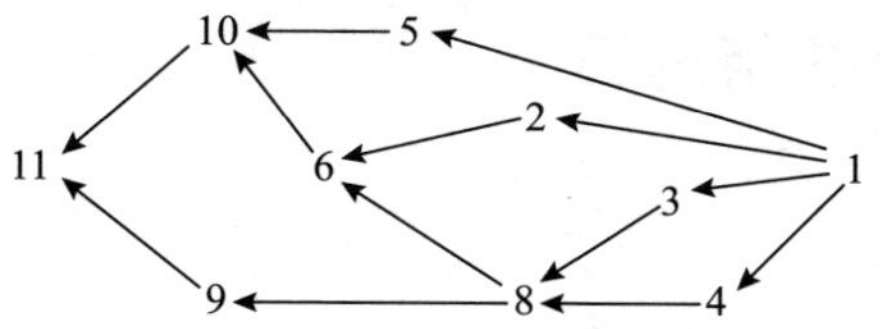

图 12-2　个体 11 的箭头式系谱

1)11 号个体的近交系数。

2)个体 9 与个体 5 的亲缘系数。

3)个体 11 与个体 1 的亲缘系数。

2. 理解个体间亲缘系数与加性遗传相关之间的关系,只有在两个个体都是非近交个体时,二者才相等。为什么?

实验 13 育种值预测的 BLUP 法（1）

13.1 实验目的与内容

13.1.1 实验目的

掌握 BLUP 法的概念、原理与方法；将动物模型 BLUP 法应用于生产实践。

13.1.2 实验内容

BLUP 法的概念、原理与方法；利用单性状动物 BLUP 法对生产实践中获得的数据进行分析，并给出合理的生物学解释。

13.2 实验原理与方法

13.2.1 实验原理

实验 9 介绍了将选择指数（最佳线性预测）用于遗传评估，然而该方法有一些缺点：第一，对于固定效应或环境效应，数据需提前经过校正，且须假设这些效应是已知的，然而多数情况下，这些效应都是未知的；第二，得到选择指数方程的解需要先计算出观测值的协方差矩阵的逆，当数据量巨大时，几乎无法计算得到该逆矩阵。

Henderson(1948)提出了一种方法，称为最佳线性无偏预测（best linear unbiased prediction，BLUP），该方法可以同时对固定效应和育种值进行估计和预测。其特点与选择指数相类似，当环境效应未经校正时，该方法简化成选择指数的计算。BLUP 法的特点是：

①最佳——真实育种值(a)与预测育种值($\hat{a}$)之间的相关最大，或者预测的误差方差即 $\mathrm{Var}(a-\hat{a})$ 最小；

②线性——预测值为观测值的线性函数；

③无偏——随机变量如个体育种值的预测，或者固定效应的估计均是无偏的，满足 $E(\hat{a})=a$；

④预测——包括了对真实育种值的预测。

BLUP 因其理想的统计学属性，被广泛用于家畜的遗传评定。随着计算能力的提高，该方法使用的模型由最初简单的公畜模型，发展到较复杂的模型如动物模型、母体性状模型，以及最近几年使用的随机回归模型等。用 BLUP 进行遗传评定的软件有 PEST、BREEDPLAN、MIX 等。在本实验中，将简单介绍 BLUP 法的理论背景和有一个随机效应的单性状动物模型及其应用，更详细的内容参见刘文忠和徐银学主编的《动物育种学实验教程》(2007)、贺建华和陈国宏主编的《现代畜牧业案例分析》(2022)，以及本实验指导教材的附录 6。

13.2.2 理论背景简介

对于一个混合线性模型，假设有如下方程：

$$\boldsymbol{y}=\boldsymbol{Xb}+\boldsymbol{Za}+\boldsymbol{e}$$

式中：

$\boldsymbol{y}=n\times1$，是观测值向量；n 为数据的个数；

$\boldsymbol{b}=p\times1$，是固定效应向量；p 为固定效应的水平数；

$\boldsymbol{a}=q\times1$，是随机效应向量；q 为随机效应的水平数；

$\boldsymbol{e}=n\times1$，是随机残差效应向量；

$\boldsymbol{X}$ 是阶为 $n\times p$ 的设计矩阵，和固定效应相对应；

$\boldsymbol{Z}$ 是阶为 $n\times q$ 的设计矩阵，和随机个体效应相对应；

矩阵 $\boldsymbol{X}$ 和 $\boldsymbol{Z}$ 被称作关联矩阵或设计矩阵。

假设各变量的期望分别是：

$$E(\boldsymbol{y})=\boldsymbol{Xb},E(\boldsymbol{a})=E(\boldsymbol{e})=\boldsymbol{0}$$

假设包含随机环境效应和非加性遗传效应的残差效应是独立分布的，方差为 σ_e^2，因此 $\mathrm{Var}(\boldsymbol{e})=\boldsymbol{I}\sigma_e^2=\boldsymbol{R}$；$\mathrm{Var}(\boldsymbol{a})=\boldsymbol{A}\sigma_a^2=\boldsymbol{G}$；$\mathrm{Cov}(\boldsymbol{a},\boldsymbol{e})=\mathrm{Cov}(\boldsymbol{e},\boldsymbol{a})=0$；$\boldsymbol{A}$ 为分子亲缘相关矩阵。

$$\mathrm{Var}(\boldsymbol{y})=\boldsymbol{V}=\mathrm{Var}(\boldsymbol{Za}+\boldsymbol{e})=\boldsymbol{Z}\mathrm{Var}(\boldsymbol{a})\boldsymbol{Z}'+\mathrm{Var}(\boldsymbol{e})+\mathrm{Cov}(\boldsymbol{Za},\boldsymbol{e})+\mathrm{Cov}(\boldsymbol{e},\boldsymbol{Za})$$

$$=\boldsymbol{ZGZ'}+\boldsymbol{R}+\boldsymbol{Z}\mathrm{Cov}(\boldsymbol{a},\boldsymbol{e})+\mathrm{Cov}(\boldsymbol{e},\boldsymbol{a})\boldsymbol{Z'}$$

因为 $\mathrm{Cov}(\boldsymbol{a},\boldsymbol{e})=\mathrm{Cov}(\boldsymbol{e},\boldsymbol{a})=0$，所以有：

$$\boldsymbol{V}=\boldsymbol{ZGZ'}+\boldsymbol{R}$$

$$\mathrm{Cov}(\boldsymbol{y},\boldsymbol{a})=\mathrm{Cov}(\boldsymbol{Za}+\boldsymbol{e},\boldsymbol{a})=\mathrm{Cov}(\boldsymbol{Za},\boldsymbol{a})+\mathrm{Cov}(\boldsymbol{e},\boldsymbol{a})=\boldsymbol{Z}\mathrm{Cov}(\boldsymbol{a},\boldsymbol{a})=\boldsymbol{ZG}$$

$$\mathrm{Cov}(\boldsymbol{y},\boldsymbol{e})=\mathrm{Cov}(\boldsymbol{Za}+\boldsymbol{e},\boldsymbol{e})=\mathrm{Cov}(\boldsymbol{Za},\boldsymbol{e})+\mathrm{Cov}(\boldsymbol{e},\boldsymbol{e})=\boldsymbol{Z}\mathrm{Cov}(\boldsymbol{a},\boldsymbol{e})+\mathrm{Cov}(\boldsymbol{e},\boldsymbol{e})=\boldsymbol{R}$$

因此方程 $\boldsymbol{y}=\boldsymbol{Xb}+\boldsymbol{Za}+\boldsymbol{e}$ 转化为，使用关于 $\boldsymbol{y}$ 的线性函数即 $\boldsymbol{L'y}$（预测量）来预测关于 $\boldsymbol{b}$ 和 $\boldsymbol{a}$ 的线性函数即 $\boldsymbol{k'b}+\boldsymbol{a}$（预测值），且假设 $\boldsymbol{k'b}$ 是可估的。因为预测量 $\boldsymbol{L'y}$ 是无偏的，即其期望等于预测值的期望值，且误差方差最小，所以得到 $\boldsymbol{a}$ 的 BLUP 值（Henderson，1973）：

$$\hat{\boldsymbol{a}}=\mathrm{BLUP}(\boldsymbol{a})=\boldsymbol{GZ'V}^{-1}(\boldsymbol{y}-\boldsymbol{X}\hat{\boldsymbol{b}})$$

以及 $\boldsymbol{L'y}=\boldsymbol{k'}\hat{\boldsymbol{b}}+\boldsymbol{GZ'V}^{-1}(\boldsymbol{y}-\boldsymbol{X}\hat{\boldsymbol{b}})$

式中：$\hat{\boldsymbol{b}}=(\boldsymbol{X'V}^{-1}\boldsymbol{X})\boldsymbol{X'V}^{-1}\boldsymbol{y}$，是 $\boldsymbol{b}$ 的广义最小二乘（generalized least square，GLS）解；若 $\boldsymbol{k'b}$ 可估，则 $\boldsymbol{k'}\hat{\boldsymbol{b}}$ 是 $\boldsymbol{k'b}$ 的最佳线性无偏估计量（best linear unbiased estimator，BLUE）。BLUE 在含义和特性上类似 BLUP，但 BLUE 与固定效应的线性函数相关。BLUE 是固定效应的可估函数的估计值，且有最小抽样方差，该估计基于观测值的线性函数且无偏。

在公式 $\hat{\boldsymbol{a}}=\mathrm{BLUP}(\boldsymbol{a})=\boldsymbol{GZ'V}^{-1}(\boldsymbol{y}-\boldsymbol{X}\hat{\boldsymbol{b}})$ 中，用 $\hat{\boldsymbol{b}}$ 的 GLS 值代替 $\boldsymbol{b}$，则 BLUP 与选择指数等价。另外，W. G. Hill（1995）论证了用亲缘相关矩阵 $\boldsymbol{A}$ 时，选择指数可以代替个体的育种值。相关的矩阵为：

$$\boldsymbol{P}=\boldsymbol{I}\sigma_e^2+\boldsymbol{A}\sigma_a^2,\boldsymbol{G}=\boldsymbol{A}\sigma_a^2$$

并有：

$\alpha=\sigma_e^2/\sigma_a^2$，或者 $\alpha=(1-h^2)/h^2$

因此：

$$\boldsymbol{I}=\boldsymbol{P}^{-1}\boldsymbol{Gy}=(\boldsymbol{I}+\alpha\boldsymbol{A}^{-1})^{-1}\boldsymbol{y}$$

该式与公式 $\hat{\boldsymbol{a}}=\mathrm{BLUP}(\boldsymbol{a})=\boldsymbol{GZ'V}^{-1}(\boldsymbol{y}-\boldsymbol{X}\hat{\boldsymbol{b}})$ 相似，前提是假设不存在固定效应，并有 $\boldsymbol{Z}=\boldsymbol{I}$。

在公式 $\hat{\boldsymbol{a}}=\mathrm{BLUP}(\boldsymbol{a})=\boldsymbol{GZ'V}^{-1}(\boldsymbol{y}-\boldsymbol{X}\hat{\boldsymbol{b}})$ 中，求解 $\boldsymbol{a}$ 和 $\boldsymbol{b}$ 需要 $\boldsymbol{V}^{-1}$，但 $\boldsymbol{V}^{-1}$ 并不总能通过计算得到。Henderson（1950）提出了在不计算 $\boldsymbol{V}^{-1}$ 的情况下，通过混合模型方程组（mixed model equations，MME）可以同时估计固定效应 $\boldsymbol{b}$ 以及预测随机效应 $\boldsymbol{a}$。$\boldsymbol{b}$ 和 $\boldsymbol{a}$ 的解分别是 $\boldsymbol{b}$ 的 GLS 值以及 $\boldsymbol{a}$ 的 BLUP 值。公式 $\boldsymbol{y}=\boldsymbol{Xb}+\boldsymbol{Za}+\boldsymbol{e}$

的 MME 为：

$$\begin{bmatrix} \boldsymbol{X}'\boldsymbol{R}^{-1}\boldsymbol{X} & \boldsymbol{X}'\boldsymbol{R}^{-1}\boldsymbol{Z} \\ \boldsymbol{Z}'\boldsymbol{R}^{-1}\boldsymbol{X} & \boldsymbol{Z}'\boldsymbol{R}^{-1}\boldsymbol{Z}+\boldsymbol{G}^{-1} \end{bmatrix} \begin{bmatrix} \hat{\boldsymbol{b}} \\ \hat{\boldsymbol{a}} \end{bmatrix} = \begin{bmatrix} \boldsymbol{X}'\boldsymbol{R}^{-1}\boldsymbol{y} \\ \boldsymbol{Z}'\boldsymbol{R}^{-1}\boldsymbol{y} \end{bmatrix}$$

假设 $\boldsymbol{R}$ 和 $\boldsymbol{G}$ 是非奇异阵。根据前面对矩阵 $\boldsymbol{R}$ 的定义，$\boldsymbol{R}^{-1}$ 为单位阵，故上述方程两边可以同时消去 $\boldsymbol{R}^{-1}$。因此有：

$$\begin{bmatrix} \boldsymbol{X}'\boldsymbol{X} & \boldsymbol{X}'\boldsymbol{Z} \\ \boldsymbol{Z}'\boldsymbol{X} & \boldsymbol{Z}'\boldsymbol{Z}+\boldsymbol{A}^{-1}\boldsymbol{\alpha} \end{bmatrix} \begin{bmatrix} \hat{\boldsymbol{b}} \\ \hat{\boldsymbol{a}} \end{bmatrix} = \begin{bmatrix} \boldsymbol{X}'\boldsymbol{y} \\ \boldsymbol{Z}'\boldsymbol{y} \end{bmatrix}$$

注意到，该方程组可能不是满秩的，通常原因是系数矩阵中固定环境效应间是非独立的。因此，有必要假定一些固定效应为 0 进行约束，以求得 MME 的解。然而，因为矩阵 $\boldsymbol{V}$ 是正定的，所以公式 $\hat{\boldsymbol{a}}=\text{BLUP}(\boldsymbol{a})=\boldsymbol{G}\boldsymbol{Z}'\boldsymbol{V}^{-1}(\boldsymbol{y}-\boldsymbol{X}\hat{\boldsymbol{b}})$ 关于 $\boldsymbol{a}$ 的方程组通常是满秩的，而且无论选择什么样的约束条件，$\boldsymbol{X}\boldsymbol{b}$ 的解是不变的。

关于育种值预测的线性模型有一些基本假设。通过 MME 计算 $\boldsymbol{k}'\boldsymbol{b}$ 的 BLUE 值以及 $\boldsymbol{a}$ 的 BLUP 值也需要一些假设条件，这些假设为：①假设变量 $\boldsymbol{y}$、$\boldsymbol{u}$ 和 $\boldsymbol{e}$ 的分布为多元正态分布，表明性状是由微效多基因决定的。②假设基础群的方差和协方差（$\boldsymbol{R}$ 和 $\boldsymbol{G}$）是已知的，或者至少其属性是已知的。实际上，这些方差和协方差均未知，但在微效多基因模型中，这些方差和协方差可通过约束最大似然法（REML）进行估计。③基于 $\boldsymbol{y}$ 的线性函数，MME 能够解释利用育种值进行的选择。

13.2.3　动物模型 BLUP 法评估个体的育种值

例：假设有如表 13-1 的数据，这些个体的饲养管理条件均相同。现需估计性别的效应大小，以及预测所有个体的育种值。再假设 $\sigma_a^2=20$，$\sigma_e^2=40$，因此 $\alpha=\sigma_e^2/\sigma_a^2=2$。

表 13-1　五头肉牛的断奶前增重（WWG）

肉牛	性别	父本	母本	WWG/kg
4	公	1	未知	4.5
5	母	3	2	2.9
6	母	1	2	3.9
7	公	4	5	3.5
8	公	3	6	5.0

描述这些观测值的模型为：

$$y_{ij}=p_i+a_j+e_{ij}$$

式中：y_{ij} 为第 i 个性别、第 j 个个体的断奶前增重（WWG）；p_i 为第 i 个性别的固定效应；a_j 为第 j 个个体的随机效应；e_{ij} 为随机误差效应。

该模型用矩阵表示与公式 $\boldsymbol{y}=\boldsymbol{Xb}+\boldsymbol{Za}+\boldsymbol{e}$ 相同，按以下过程构建混合模型方程组。

在混合模型方程组中，矩阵 $\boldsymbol{X}$ 为与固定效应（性别）相对应。对于本例，矩阵 $\boldsymbol{X}$ 的转置为：

$$\boldsymbol{X}'=\begin{bmatrix}1 & 0 & 0 & 1 & 1\\0 & 1 & 1 & 0 & 0\end{bmatrix}$$

第一行的数值表明，个体 4、7 和 8 为公牛；第二行的数值表明，个体 5 和 6 为母牛。矩阵 $\boldsymbol{Z}$ 与所有个体相关联，不论其是否有数据记录。在本例中，个体 1、2 和 3 是亲本，无数据记录；个体 4、5、6、7、8 有数据记录，因此矩阵 $\boldsymbol{Z}$ 为：

$$\boldsymbol{Z}=\begin{bmatrix}0 & 0 & 0 & 1 & 0 & 0 & 0 & 0\\0 & 0 & 0 & 0 & 1 & 0 & 0 & 0\\0 & 0 & 0 & 0 & 0 & 1 & 0 & 0\\0 & 0 & 0 & 0 & 0 & 0 & 1 & 0\\0 & 0 & 0 & 0 & 0 & 0 & 0 & 1\end{bmatrix}$$

注意矩阵 $\boldsymbol{Z}$ 的前三列均为 0，与个体 1、2 和 3 相对应，这些个体无数据记录。

$\boldsymbol{y}$ 是观测值向量，对于本例有：

$$\boldsymbol{y}'=[4.5 \quad 2.9 \quad 3.9 \quad 3.5 \quad 5.0]$$

因为有了矩阵 $\boldsymbol{X}$、$\boldsymbol{Z}$ 以及向量 $\boldsymbol{y}$，所以混合模型方程组中其他矩阵如 $\boldsymbol{X}'\boldsymbol{Z}$、$\boldsymbol{Z}'\boldsymbol{X}$、$\boldsymbol{X}'\boldsymbol{y}$ 以及 $\boldsymbol{Z}'\boldsymbol{y}$ 通过相应矩阵相乘很容易得到。在实际应用时，这些矩阵并不需要通过矩阵向量的相乘得到，而是直接建立和计算。但作为示例，有必要通过矩阵向量相乘计算：

$$\boldsymbol{X}'\boldsymbol{Z}=\begin{bmatrix}0 & 0 & 0 & 1 & 0 & 0 & 1 & 1\\0 & 0 & 0 & 0 & 1 & 1 & 0 & 0\end{bmatrix}$$

$\boldsymbol{Z}'\boldsymbol{X}$ 是 $\boldsymbol{X}'\boldsymbol{Z}$ 的转置；

$\boldsymbol{X}'\boldsymbol{y}=\begin{bmatrix}13.0\\6.8\end{bmatrix}$；$\boldsymbol{Z}'\boldsymbol{y}$ 的转置为 $[0 \quad 0 \quad 0 \quad 4.5 \quad 2.9 \quad 3.9 \quad 3.5 \quad 5.0]$；

$\boldsymbol{Z}'\boldsymbol{Z}$ 是一对角阵，前三个对角线元素为 0，其他五个对角线元素均为 1。

除了 $\mathbf{A}^{-1}\alpha$ 外，MME 中的所有矩阵都已计算出，用这些矩阵建立最小二乘方程组（least square equations，LSE）：

$$\begin{bmatrix} \boldsymbol{X'X} & \boldsymbol{X'Z} \\ \boldsymbol{Z'X} & \boldsymbol{Z'Z} \end{bmatrix} \begin{bmatrix} \hat{\boldsymbol{b}} \\ \hat{\boldsymbol{a}} \end{bmatrix} = \begin{bmatrix} \boldsymbol{X'y} \\ \boldsymbol{Z'y} \end{bmatrix}$$

对于本例，最小二乘方程组为：

$$\begin{bmatrix} 3 & 0 & 0 & 0 & 0 & 1 & 0 & 0 & 1 & 1 \\ 0 & 2 & 0 & 0 & 0 & 0 & 1 & 1 & 0 & 0 \\ 0 & 0 & 0 & 0 & 0 & 0 & 0 & 0 & 0 & 0 \\ 0 & 0 & 0 & 0 & 0 & 0 & 0 & 0 & 0 & 0 \\ 0 & 0 & 0 & 0 & 0 & 0 & 0 & 0 & 0 & 0 \\ 1 & 0 & 0 & 0 & 0 & 1 & 0 & 0 & 0 & 0 \\ 0 & 1 & 0 & 0 & 0 & 0 & 1 & 0 & 0 & 0 \\ 0 & 1 & 0 & 0 & 0 & 0 & 0 & 1 & 0 & 0 \\ 1 & 0 & 0 & 0 & 0 & 0 & 0 & 0 & 1 & 0 \\ 1 & 0 & 0 & 0 & 0 & 0 & 0 & 0 & 0 & 1 \end{bmatrix} \begin{bmatrix} \hat{b}_1 \\ \hat{b}_2 \\ \hat{a}_1 \\ \hat{a}_2 \\ \hat{a}_3 \\ \hat{a}_4 \\ \hat{a}_5 \\ \hat{a}_6 \\ \hat{a}_7 \\ \hat{a}_8 \end{bmatrix} = \begin{bmatrix} 13.0 \\ 6.8 \\ 0 \\ 0 \\ 0 \\ 4.5 \\ 2.9 \\ 3.9 \\ 3.5 \\ 5.0 \end{bmatrix}$$

计算得到 $\mathbf{A}^{-1}$：

$$\mathbf{A}^{-1} = \begin{bmatrix} 1.833 & 0.500 & 0.000 & -0.667 & 0.000 & -1.000 & 0.000 & 0.000 \\ 0.500 & 2.000 & 0.500 & 0.000 & -1.000 & -1.000 & 0.000 & 0.000 \\ 0.000 & 0.500 & 2.000 & 0.000 & -1.000 & 0.500 & 0.000 & -1.000 \\ -0.667 & 0.000 & 0.000 & 1.833 & 0.500 & 0.000 & -1.000 & 0.000 \\ 0.000 & -1.000 & -1.000 & 0.500 & 2.500 & 0.000 & -1.000 & 0.000 \\ -1.000 & -1.000 & 0.500 & 0.000 & 0.000 & 2.500 & 0.000 & -1.000 \\ 0.000 & 0.000 & 0.000 & -1.000 & -1.000 & 0.000 & 2.000 & 0.000 \\ 0.000 & 0.000 & -1.000 & 0.000 & 0.000 & -1.000 & 0.000 & 2.000 \end{bmatrix}$$

$\mathbf{A}^{-1}$ 的每个元素都乘以 2，可得到 $\mathbf{A}^{-1}\alpha$，把 $\mathbf{A}^{-1}\alpha$ 加入 $\boldsymbol{Z'Z}$，得到 MME：

$$\begin{bmatrix}\hat{b}_1\\ \hat{b}_2\\ \hat{a}_1\\ \hat{a}_2\\ \hat{a}_3\\ \hat{a}_4\\ \hat{a}_5\\ \hat{a}_6\\ \hat{a}_7\\ \hat{a}_8\end{bmatrix}=\begin{bmatrix}3.000 & 0.000 & 0.000 & 0.000 & 0.000 & 1.000 & 0.000 & 0.000 & 1.000 & 1.000\\ 0.000 & 2.000 & 0.000 & 0.000 & 0.000 & 0.000 & 1.000 & 1.000 & 0.000 & 0.000\\ 0.000 & 0.000 & 3.667 & 1.000 & 0.000 & -1.333 & 0.000 & -2.000 & 0.000 & 0.000\\ 0.000 & 0.000 & 1.000 & 4.000 & 1.000 & 0.000 & -2.000 & -2.000 & 0.000 & 0.000\\ 0.000 & 0.000 & 0.000 & 1.000 & 4.000 & 0.000 & -2.000 & 1.000 & 0.000 & -2.000\\ 1.000 & 0.000 & -1.333 & 0.000 & 0.000 & 4.667 & 1.000 & 0.000 & -2.000 & 0.000\\ 0.000 & 1.000 & 0.000 & -2.000 & -2.000 & 1.000 & 6.000 & 0.000 & -2.000 & 0.000\\ 0.000 & 1.000 & -2.000 & -2.000 & 1.000 & 0.000 & 0.000 & 6.000 & 0.000 & -2.000\\ 1.000 & 0.000 & 0.000 & 0.000 & 0.000 & -2.000 & -2.000 & 0.000 & 5.000 & 0.000\\ 1.000 & 0.000 & 0.000 & 0.000 & -2.000 & 0.000 & 0.000 & -2.000 & 0.000 & 5.000\end{bmatrix}^{-1}\begin{bmatrix}13.0\\ 6.8\\ 0.0\\ 0.0\\ 0.0\\ 4.5\\ 2.9\\ 3.9\\ 3.5\\ 5.0\end{bmatrix}$$

求解该 MME，得到以下结果(表 13-2)：

表 13-2　五头肉牛的性别效应及个体的育种值

性别效应		个体的育种值							
公	母	1	2	3	4	5	6	7	8
4.358	3.404	0.098	−0.019	−0.041	−0.009	−0.186	0.177	−0.249	0.183

该结果表明，公牛犊断奶前增重大于母牛犊，与相应公母牛犊的观测值均数一致。

以上是手工计算的结果，利用 SAS 程序估计固定效应和预测育种值更高效，具体见附录 5。

13.3　实验作业与思考

现有某猪场的日增重(g)资料(表 13-3)，请完成以下问题的解答。

表 13-3　某猪场猪的日增重资料

个体	父亲	母亲	性别	年份	观测值/g
3	未知	未知	1	1	850
4	1	未知	2	1	803
5	1	2	1	1	830
6	1	2	2	1	790

续表 13-3

个体	父亲	母亲	性别	年份	观测值/g
7	3	4	1	2	820
8	3	6	1	2	835
9	3	6	2	2	779

1)为此资料设计一个模型。

2)写出个体间的分子亲缘相关矩阵及其逆矩阵。

3)写出混合模型方程组(假设日增重的遗传力为 0.4)。

实验 14 杂交后代杂种优势的度量

14.1 实验目的与内容

14.1.1 实验目的

熟悉并掌握估测杂种优势的方法；通过一般配合力与特殊配合力的计算了解不同亲本的配合力，从而选出优良的杂交组合。

14.1.2 实验内容

估测杂种优势的方法；一般配合力的计算、特殊配合力的计算。

14.2 实验原理与方法

14.2.1 实验原理

杂种优势是生物界普遍存在的一种生物学现象，当 F_1 杂种优于双亲之一时，就表明有明显的杂种优势。数量性状一般受微效多基因控制，基因众多且复杂，因此，要向对质量性状那样针对影响数量性状的某一基因进行选择是不易做到的。对于数量性状，必须应用生物统计学和数量遗传学的原理，从性状的表型值中排除环境的影响，根据多基因的加性效应——育种值和正态分布原理来合理地选择和预估选择结果。

通过杂交实验进行配合力测定，是选择理想杂交组合的必然方法。配合力是指种群通过杂交能够获得的杂种优势程度，包括一般配合力和特殊配合力。一般配合力是一个种群与其他各种群杂交所能获得的平均效果，即其所有杂交组合中杂种优势的平均值，一般遗传力较高的性状具有较好的一般配合力。某品种的一般配合力良好，说明该品种与不同品种杂交都能获得良好的杂交效果。特殊配合力是指两个特定种群间杂交所能获得超过一般配合力的杂种优势，一般遗传力较低的性状具有较高的特殊配合力。

14.2.2　实验方法

配合力测定主要是测定特殊配合力，特殊配合力一般以杂种优势值表示。杂种优势值是杂交后代平均值超过双亲平均值的部分。杂种优势率是指杂种优势值占亲本均值的百分比，计算公式分别为：

杂种优势值：$H=\overline{F}_1-\overline{P}$

杂种优势率：$H=\dfrac{\overline{F}_1-\overline{P}}{\overline{P}}\times 100\%$

(1)首先计算杂交实验中亲本纯繁组的平均值。

两个种群(品种或品系)杂交时，亲本平均值为杂交亲本群的调和平均数。

$$\overline{P}=\frac{\overline{A}+\overline{B}}{2}$$

多个种群(品种或品系)杂交时，亲本平均值应按各亲本在杂种中所占的成分进行加权平均。以三元杂交为例，A、B 为第一次杂交亲本，C 为第二次杂交的亲本。

$$\overline{P}=\frac{\overline{A}+\overline{B}}{4}+\frac{\overline{C}}{2}$$

(2)求出杂交后代的平均值，即 $\overline{F}_1$。

(3)计算杂种优势值和杂种优势率。

杂种优势值：$H=\overline{F}_1-\overline{P}$；杂种优势率：$H=\dfrac{\overline{F}_1-\overline{P}}{\overline{P}}\times 100\%$。

例 1：某本地黄牛和西门塔尔牛杂交，杂交实验结果见表 14-1，计算其杂种优势值和杂种优势率。

表 14-1　牛不同杂交组合下的头数和出生重

组别	头数	平均初生重/kg
本地黄牛×西门塔尔牛	17	30.5
本地黄牛×本地黄牛	14	17.6
西门塔尔牛×西门塔尔牛	12	36.2

杂种优势值：$H=30.5-\frac{1}{2}\times(17.6+36.2)=3.6$

杂种优势率：$H=\frac{3.6}{26.9}\times100\%=13.38\%$

例 2：A、B 和 C 三个品种猪杂交实验结果见表 14-2，计算杂种优势值和杂种优势率。

表 14-2　三个品种猪杂交实验的头数和日增重

组合	头数	平均日增重/g
A×A	6	258.85
B×B	4	180.54
C×C	4	225.10
AB×C	4	278.41

因为有：$\overline{P}=\frac{1}{2}\times225.10+\frac{1}{4}\times(258.85+180.54)=222.40$

所以，杂种优势值：$H=\overline{F}_1-\overline{P}=278.41-222.40=56.01$

杂种优势率：$H=\frac{\overline{F}_1-\overline{P}}{\overline{P}}\times100\%=\frac{56.01}{222.40}\times100\%=25.18\%$

14.3　实验作业与思考

根据表 14-3 肉兔 90 日龄体重（单位：g）资料，计算四个肉兔品种正反交组合的特殊配合力（杂种优势值）及杂种优势率，分析计算结果，选出最好的杂交组合。

表 14-3　四个肉兔品种杂交实验结果　　g

品种	比利时兔♀	加利福尼亚兔♀	新西兰兔♀	齐卡兔♀
比利时兔♂	2416.5	2264.7	2086.7	2522.8
加利福尼亚兔♂	2345.3	2215.3	2176.8	2318.9
新西兰兔♂	2143.6	2176.6	2205.1	2156.0
齐卡兔♂	2578.3	2215.2	2147.0	2114.5

参考文献

[1]内蒙古农牧学院,1989.家畜育种学[M].2版.北京:农业出版社.

[2]张沅,2001.家畜育种学[M].北京:中国农业出版社.

[3]张沅,2018.家畜育种学[M].2版.北京:中国农业出版社.

[4]《中国畜禽遗传资源状况》编委会,2004.中国畜禽遗传资源状况[M].北京:中国农业出版社.

[5]国家畜禽遗传资源委员会,2011.中国畜禽遗传资源志[M].北京:中国农业出版社.

[6]内蒙古农业大学,2000.家畜育种学实习指导(内部资料).

[7]刘文忠,徐银学,2007.动物育种学实验教程[M].北京:中国农业大学出版社.

[8]张勤,2018.生物统计学[M].3版.北京:中国农业大学出版社.

[9]肖杰,2011.海南省畜禽遗传资源志[M].海口:海南出版社.

[10]北京农业大学,1981.动物遗传学[M].北京:农业出版社.

[11]张立岭,2000.数量遗传学[M](内部讲义).

[12]李碧春,徐银学,2005.动物遗传学实验教程[M].北京:中国农业大学出版社.

[13]盛志廉,吴常信,1995.数量遗传学[M].北京:中国农业出版社.

[14]盛志廉,陈瑶生,1999.数量遗传学[M].北京:科学出版社.

[15]鲁绍雄,连林生,2003.SAS统计分析系统在畜牧科学中的应用[M].昆明:云南科学技术出版社.

[16]王宗礼,2019.畜禽遗传资源调查技术手册[M].北京:中国农业出版社.

[17]李玉荣,李金泉,高佃平,等,2000.动物模型BLUP法估计内蒙古白绒山羊育种值的研究[J].遗传学报(9):777-786.

[18]杨平贵,吴登俊,2005.动物育种中的方差组分分析及统计软件包[J].四川草原(3):53-55.

[19]张元跃,2006.利用SAS估计动物BLUP育种值[J].中国奶牛(5):

20-23.

[20]郭卓元,郭坤德,陶阳,1984.应用于畜牧实验的最小二乘分析[J].畜牧与兽医(5):1-54.

[21]卡普斯,2011.动物科学生物统计导论[M].2版.于向春,张豪,张文广,等译.北京:中国农业大学出版社.

[22]Raphae l A. Mrode,2016.线性模型在动物育种值预测中的应用[M].3版.于向春,张豪,译.北京:中国农业出版社.

[23]《党的二十大报告辅导读本》编写组.2022.党的二十大报告辅导读本[M].北京:人民出版社.

附录 1　国家畜禽遗传资源品种名录(2021 年版)

2022 年 4 月 10 日至 13 日,习近平总书记在海南考察时的讲话指出:“中国人的饭碗要牢牢端在自己手中,就必须把种子牢牢攥在自己手里。要围绕保障粮食安全和重要农产品供给集中攻关,实现种业科技自立自强、种源自主可控,用中国种子保障中国粮食安全。”因此,重要畜产品稳定安全供给也是建设农业强国的头等大事之一。了解我国畜禽遗传资源总体状况、熟悉我国重要的畜禽品种是对动物科学专业学生的基本要求。

国家畜禽遗传资源委员会办公室文件

畜资委办〔2021〕1 号

关于公布《国家畜禽遗传资源品种名录(2021 年版)》的通知

为进一步增强《国家畜禽遗传资源目录》贯彻实施的针对性、规范性和可操作性,国家畜禽遗传资源委员会组织开展了《国家畜禽遗传资源品种名录》修订工作,增加了 2020 年审定、鉴定通过的畜禽新品种、配套系和遗传资源,以及遗漏的畜禽品种、配套系和遗传资源,规范了品种排序、品种命名,对部分内容进行了勘误,形成《国家畜禽遗传资源品种名录(2021 年版)》,收录畜禽地方品种、培育品种、引入品种及配套系 948 个。现予以公布并实施。2020 年 5 月 29 日公布的《国家畜禽遗传资源品种名录》同时废止。

国家畜禽遗传资源委员会办公室

2021 年 1 月 13 日

国家畜禽遗传资源品种名录(2021年版)
传统畜禽

一、猪

(一)地方品种

1.马身猪
2.河套大耳猪
3.民猪
4.枫泾猪
5.浦东白猪
6.东串猪
7.二花脸猪
8.淮猪(淮北猪、山猪、灶猪、定远猪、皖北猪、淮南猪)
9.姜曲海猪
10.梅山猪
11.米猪
12.沙乌头猪
13.碧湖猪
14.岔路黑猪
15.金华猪
16.嘉兴黑猪
17.兰溪花猪
18.嵊县花猪
19.仙居花猪
20.安庆六白猪
21.皖南黑猪
22.圩猪
23.皖浙花猪
24.官庄花猪
25.槐猪
26.闽北花猪
27.莆田猪
28.武夷黑猪
29.滨湖黑猪
30.赣中南花猪
31.杭猪
32.乐平猪
33.玉江猪
34.大蒲莲猪
35.莱芜猪
36.南阳黑猪
37.确山黑猪
38.清平猪
39.阳新猪
40.大围子猪
41.华中两头乌猪(沙子岭猪、监利猪、通城猪、赣西两头乌猪、东山猪)
42.宁乡猪
43.黔邵花猪
44.湘西黑猪
45.大花白猪
46.蓝塘猪
47.粤东黑猪
48.巴马香猪
49.德保猪
50.桂中花猪
51.两广小花猪(陆川猪、广东小耳花猪、墩头猪)

52. 隆林猪
53. 海南猪
54. 五指山猪
55. 荣昌猪
56. 成华猪
57. 湖川山地猪（恩施黑猪、盆周山地猪、合川黑猪、罗盘山猪、渠溪猪、丫杈猪）
58. 内江猪
59. 乌金猪（柯乐猪、大河猪、昭通猪、凉山猪）
60. 雅南猪
61. 白洗猪
62. 关岭猪
63. 江口萝卜猪
64. 黔北黑猪
65. 黔东花猪
66. 香猪
67. 保山猪
68. 高黎贡山猪
69. 明光小耳猪
70. 滇南小耳猪
71. 撒坝猪
72. 藏猪（西藏藏猪、迪庆藏猪、四川藏猪、合作猪）
73. 汉江黑猪
74. 八眉猪
75. 兰屿小耳猪
76. 桃园猪
77. 烟台黑猪
78. 五莲黑猪
79. 沂蒙黑猪
80. 里岔黑猪
81. 深县猪
82. 丽江猪
83. 枣庄黑盖猪

（二）培育品种（含家猪与野猪杂交后代）

1. 新淮猪
2. 上海白猪
3. 北京黑猪
4. 伊犁白猪
5. 汉中白猪
6. 山西黑猪
7. 三江白猪
8. 湖北白猪
9. 浙江中白猪
10. 苏太猪
11. 南昌白猪
12. 军牧 1 号白猪
13. 大河乌猪
14. 鲁莱黑猪
15. 鲁烟白猪
16. 豫南黑猪
17. 滇陆猪
18. 松辽黑猪
19. 苏淮猪
20. 湘村黑猪
21. 苏姜猪
22. 晋汾白猪
23. 吉神黑猪
24. 苏山猪
25. 宣和猪

(三)培育配套系

1. 光明猪配套系
2. 深农猪配套系
3. 冀合白猪配套系
4. 中育猪配套系
5. 华农温氏Ⅰ号猪配套系
6. 滇撒猪配套系
7. 鲁农Ⅰ号猪配套系
8. 渝荣Ⅰ号猪配套系
9. 天府肉猪
10. 龙宝1号猪
11. 川藏黑猪
12. 江泉白猪配套系
13. 温氏 WS501 猪配套系
14. 湘沙猪

(四)引入品种

1. 大白猪
2. 长白猪
3. 杜洛克猪
4. 汉普夏猪
5. 皮特兰猪
6. 巴克夏猪

(五)引入配套系

1. 斯格猪
2. 皮埃西猪

二、普通牛、瘤牛、水牛、牦牛、大额牛

普通牛

(一)地方品种

1. 秦川牛(早胜牛)
2. 南阳牛
3. 鲁西牛
4. 晋南牛
5. 延边牛
6. 冀南牛
7. 太行牛
8. 平陆山地牛
9. 蒙古牛
10. 复州牛
11. 徐州牛
12. 温岭高峰牛
13. 舟山牛
14. 大别山牛
15. 皖南牛
16. 闽南牛
17. 广丰牛
18. 吉安牛
19. 锦江牛
20. 渤海黑牛
21. 蒙山牛
22. 郏县红牛
23. 枣北牛
24. 巫陵牛
25. 雷琼牛
26. 隆林牛
27. 南丹牛
28. 涠洲牛
29. 巴山牛
30. 川南山地牛

31. 峨边花牛
32. 甘孜藏牛
33. 凉山牛
34. 平武牛
35 三江牛
36. 关岭牛
37. 黎平牛
38. 威宁牛
39. 务川黑牛
40. 邓川牛
41. 迪庆牛
42. 滇中牛
43. 文山牛
44. 云南高峰牛
45. 昭通牛
46. 阿沛甲咂牛
47. 日喀则驼峰牛
48. 西藏牛
49. 樟木牛
50. 柴达木牛
51. 哈萨克牛
52. 台湾牛
53. 阿勒泰白头牛
54. 皖东牛
55. 夷陵牛

(二)培育品种

1. 中国荷斯坦牛
2. 中国西门塔尔牛
3. 三河牛
4. 新疆褐牛
5. 中国草原红牛
6. 夏南牛
7. 延黄牛
8. 辽育白牛
9. 蜀宣花牛
10. 云岭牛

(三)引入品种

1. 荷斯坦牛
2. 西门塔尔牛
3. 夏洛来牛
4. 利木赞牛
5. 安格斯牛
6. 娟姗牛
7. 德国黄牛
8. 南德文牛
9. 皮埃蒙特牛
10. 短角牛
11. 海福特牛
12. 和牛
13. 比利时蓝牛
14. 瑞士褐牛
15. 挪威红牛

瘤牛

引入品种

婆罗门牛

水牛

(一)地方品种

1. 海子水牛
2. 盱眙山区水牛
3. 温州水牛
4. 东流水牛
5. 江淮水牛
6. 福安水牛
7. 鄱阳湖水牛
8. 峡江水牛
9. 信丰山地水牛
10. 信阳水牛
11. 恩施山地水牛
12. 江汉水牛
13. 滨湖水牛
14. 富钟水牛
15. 西林水牛
16. 兴隆水牛
17. 德昌水牛
18. 涪陵水牛
19. 宜宾水牛
20. 贵州白水牛
21. 贵州水牛
22. 槟榔江水牛
23. 德宏水牛
24. 滇东南水牛
25. 盐津水牛
26. 陕南水牛
27. 上海水牛

(二)引入品种

1. 摩拉水牛
2. 尼里-拉菲水牛
3. 地中海水牛

牦牛

(一)地方品种

1. 九龙牦牛
2. 麦洼牦牛
3. 木里牦牛
4. 中甸牦牛
5. 娘亚牦牛
6. 帕里牦牛
7. 斯布牦牛
8. 西藏高山牦牛
9. 甘南牦牛
10. 天祝白牦牛
11. 青海高原牦牛
12. 巴州牦牛
13. 金川牦牛
14. 昌台牦牛
15. 类乌齐牦牛
16. 环湖牦牛
17. 雪多牦牛
18. 玉树牦牛

(二)培育品种

1. 大通牦牛
2. 阿什旦牦牛

大额牛

地方品种

独龙牛

三、绵羊、山羊

绵羊

(一)地方品种

1. 蒙古羊
2. 西藏羊
3. 哈萨克羊
4. 广灵大尾羊
5. 晋中绵羊
6. 呼伦贝尔羊
7. 苏尼特羊
8. 乌冉克羊
9. 乌珠穆沁羊
10. 湖羊
11. 鲁中山地绵羊
12. 泗水裘皮羊
13. 洼地绵羊
14. 小尾寒羊
15. 大尾寒羊
16. 太行裘皮羊
17. 豫西脂尾羊
18. 威宁绵羊
19. 迪庆绵羊
20. 兰坪乌骨绵羊
21. 宁蒗黑绵羊
22. 石屏青绵羊
23. 腾冲绵羊
24. 昭通绵羊
25. 汉中绵羊
26. 同羊
27. 兰州大尾羊
28. 岷县黑裘皮羊
29. 贵德黑裘皮羊
30. 滩羊
31. 阿勒泰羊
32. 巴尔楚克羊
33. 巴什拜羊
34. 巴音布鲁克羊
35. 策勒黑羊
36. 多浪羊
37. 和田羊
38. 柯尔克孜羊
39. 罗布羊
40. 塔什库尔干羊
41. 吐鲁番黑羊
42. 叶城羊
43. 欧拉羊
44. 扎什加羊

(二)培育品种

1. 新疆细毛羊
2. 东北细毛羊
3. 内蒙古细毛羊
4. 甘肃高山细毛羊
5. 敖汉细毛羊
6. 中国美利奴羊

7.中国卡拉库尔羊
8.云南半细毛羊
9.新吉细毛羊
10.巴美肉羊
11.彭波半细毛羊
12.凉山半细毛羊
13.青海毛肉兼用细毛羊
14.青海高原毛肉兼用半细毛羊
15.鄂尔多斯细毛羊
16.呼伦贝尔细毛羊
17.科尔沁细毛羊
18.乌兰察布细毛羊
19.兴安毛肉兼用细毛羊
20.内蒙古半细毛羊
21.陕北细毛羊
22.昭乌达肉羊
23.察哈尔羊
24.苏博美利奴羊
25.高山美利奴羊
26.象雄半细毛羊
27.鲁西黑头羊
28.乾华肉用美利奴羊
29.戈壁短尾羊
30.鲁中肉羊
31.草原短尾羊
32.黄淮肉羊

(三)引入品种

1.夏洛来羊
2.考力代羊
3.澳洲美利奴羊
4.德国肉用美利奴羊
5.萨福克羊
6.无角陶赛特羊
7.特克赛尔羊
8.杜泊羊
9.白萨福克羊
10.南非肉用美利奴羊
11.澳洲白羊
12.东佛里生羊
13.南丘羊

山羊

(一)地方品种

1.西藏山羊
2.新疆山羊
3.内蒙古绒山羊
4.辽宁绒山羊
5.承德无角山羊
6.吕梁黑山羊
7.太行山羊
8.乌珠穆沁白山羊
9.长江三角洲白山羊
10.黄淮山羊
11.戴云山羊
12.福清山羊
13.闽东山羊
14.赣西山羊
15.广丰山羊
16.尧山白山羊
17.济宁青山羊
18.莱芜黑山羊

19. 鲁北白山羊
20. 沂蒙黑山羊
21. 伏牛白山羊
22. 麻城黑山羊
23. 马头山羊
24. 宜昌白山羊
25. 湘东黑山羊
26. 雷州山羊
27. 都安山羊
28. 隆林山羊
29. 渝东黑山羊
30. 大足黑山羊
31. 酉州乌羊
32. 白玉黑山羊
33. 板角山羊
34. 北川白山羊
35. 成都麻羊
36. 川东白山羊
37. 川南黑山羊
38. 川中黑山羊
39. 古蔺马羊
40. 建昌黑山羊
41. 美姑山羊
42. 贵州白山羊
43. 贵州黑山羊
44. 黔北麻羊
45. 凤庆无角黑山羊
46. 圭山山羊
47. 龙陵黄山羊
48. 罗平黄山羊
49. 马关无角山羊
50. 弥勒红骨山羊
51. 宁蒗黑头山羊
52. 云岭山羊
53. 昭通山羊
54. 陕南白山羊
55. 子午岭黑山羊
56. 河西绒山羊
57. 柴达木山羊
58. 中卫山羊
59. 牙山黑绒山羊
60. 威信白山羊

(二)培育品种

1. 关中奶山羊
2. 崂山奶山羊
3. 南江黄羊
4. 陕北白绒山羊
5. 文登奶山羊
6. 柴达木绒山羊
7. 雅安奶山羊
8. 罕山白绒山羊
9. 晋岚绒山羊
10. 简州大耳羊
11. 云上黑山羊
12. 疆南绒山羊

(三)引入品种

1. 萨能奶山羊
2. 安哥拉山羊
3. 波尔山羊
4. 努比亚山羊
5. 阿尔卑斯奶山羊
6. 吐根堡奶山羊

四、马

(一)地方品种

1. 阿巴嘎黑马
2. 鄂伦春马
3. 蒙古马
4. 锡尼河马
5. 晋江马
6. 利川马
7. 百色马
8. 德保矮马
9. 甘孜马
10. 建昌马
11. 贵州马
12. 大理马
13. 腾冲马
14. 文山马
15. 乌蒙马
16. 永宁马
17. 云南矮马
18. 中甸马
19. 西藏马
20. 宁强马
21. 岔口驿马
22. 大通马
23. 河曲马
24. 柴达木马
25. 玉树马
26. 巴里坤马
27. 哈萨克马
28. 柯尔克孜马
29. 焉耆马

(二)培育品种

1. 三河马
2. 金州马
3. 铁岭挽马
4. 吉林马
5. 关中马
6. 渤海马
7. 山丹马
8. 伊吾马
9. 锡林郭勒马
10. 科尔沁马
11. 张北马
12. 新丽江马
13. 伊犁马

(三)引入品种

1. 纯血马
2. 阿哈-捷金马
3. 顿河马
4. 卡巴金马
5. 奥尔洛夫快步马
6. 阿尔登马
7. 阿拉伯马
8. 新吉尔吉斯马
9. 温血马(荷斯坦马、荷兰温血马、丹麦温血马、汉诺威马、奥登堡马、塞拉-法兰西马)
10. 设特兰马
11. 夸特马
12. 法国速步马

13. 弗里斯兰马
14. 贝尔修伦马
15. 美国标准马
16. 夏尔马

五、驴

地方品种

1. 太行驴
2. 阳原驴
3. 广灵驴
4. 晋南驴
5. 临县驴
6. 库伦驴
7. 泌阳驴
8. 庆阳驴
9. 苏北毛驴
10. 淮北灰驴
11. 德州驴
12. 长垣驴
13. 川驴
14. 云南驴
15. 西藏驴
16. 关中驴
17. 佳米驴
18. 陕北毛驴
19. 凉州驴
20. 青海毛驴
21. 西吉驴
22. 和田青驴
23. 吐鲁番驴
24. 新疆驴

六、骆驼

地方品种

1. 阿拉善双峰驼
2. 苏尼特双峰驼
3. 青海骆驼
4. 新疆塔里木双峰驼
5. 新疆准噶尔双峰驼

七、兔

(一)地方品种

1. 福建黄兔
2. 闽西南黑兔
3. 万载兔
4. 九嶷山兔
5. 四川白兔
6. 云南花兔
7. 福建白兔
8. 莱芜黑兔

(二)培育品种

1. 中系安哥拉兔
2. 浙系长毛兔
3. 皖系长毛兔
4. 苏系长毛兔

5. 西平长毛兔
6. 吉戎兔
7. 哈尔滨大白兔
8. 塞北兔
9. 豫丰黄兔
10. 川白獭兔

(三)培育配套系

1. 康大 1 号肉兔
2. 康大 2 号肉兔
3. 康大 3 号肉兔
4. 蜀兴 1 号肉兔

(四)引入品种

1. 德系安哥拉兔
2. 法系安哥拉兔
3. 青紫蓝兔
4. 比利时兔
5. 新西兰白兔
6. 加利福尼亚兔
7. 力克斯兔
8. 德国花巨兔
9. 日本大耳白兔

(五)引入配套系

1. 伊拉肉兔
2. 伊普吕肉兔
3. 齐卡肉兔
4. 伊高乐肉兔

八、鸡

(一)地方品种

1. 北京油鸡
2. 坝上长尾鸡
3. 边鸡
4. 大骨鸡
5. 林甸鸡
6. 浦东鸡
7. 狼山鸡
8. 溧阳鸡
9. 鹿苑鸡
10. 如皋黄鸡
11. 太湖鸡
12. 仙居鸡
13. 江山乌骨鸡
14. 灵昆鸡
15. 萧山鸡
16. 淮北麻鸡
17. 淮南麻黄鸡
18. 黄山黑鸡
19. 皖北斗鸡
20. 五华鸡
21. 皖南三黄鸡
22. 德化黑鸡
23. 金湖乌凤鸡
24. 河田鸡
25. 闽清毛脚鸡
26. 象洞鸡
27. 漳州斗鸡
28. 安义瓦灰鸡
29. 白耳黄鸡
30. 崇仁麻鸡

31. 东乡绿壳蛋鸡
32. 康乐鸡
33. 宁都黄鸡
34. 丝羽乌骨鸡
35. 余干乌骨鸡
36. 济宁百日鸡
37. 鲁西斗鸡
38. 琅琊鸡
39. 寿光鸡
40. 汶上芦花鸡
41. 固始鸡
42. 河南斗鸡
43. 卢氏鸡
44. 淅川乌骨鸡
45. 正阳三黄鸡
46. 洪山鸡
47. 江汉鸡
48. 景阳鸡
49. 双莲鸡
50. 郧阳白羽乌鸡
51. 郧阳大鸡
52. 东安鸡
53. 黄郎鸡
54. 桃源鸡
55. 雪峰乌骨鸡
56. 怀乡鸡
57. 惠阳胡须鸡
58. 清远麻鸡
59. 杏花鸡
60. 阳山鸡
61. 中山沙栏鸡
62. 广西麻鸡
63. 广西三黄鸡
64. 广西乌鸡
65. 龙胜凤鸡
66. 霞烟鸡
67. 瑶鸡
68. 文昌鸡
69. 城口山地鸡
70. 大宁河鸡
71. 峨眉黑鸡
72. 旧院黑鸡
73. 金阳丝毛鸡
74. 泸宁鸡
75. 凉山崖鹰鸡
76. 米易鸡
77. 彭县黄鸡
78. 四川山地乌骨鸡
79. 石棉草科鸡
80. 矮脚鸡
81. 长顺绿壳蛋鸡
82. 高脚鸡
83. 黔东南小香鸡
84. 乌蒙乌骨鸡
85. 威宁鸡
86. 竹乡鸡
87. 茶花鸡
88. 独龙鸡
89. 大围山微型鸡
90. 兰坪绒毛鸡
91. 尼西鸡
92. 瓢鸡
93. 腾冲雪鸡
94. 他留乌骨鸡
95. 武定鸡
96. 无量山乌骨鸡

97. 西双版纳斗鸡
98. 盐津乌骨鸡
99. 云龙矮脚鸡
100. 藏鸡
101. 略阳鸡
102. 太白鸡
103. 静原鸡
104. 海东鸡
105. 拜城油鸡
106. 和田黑鸡
107. 吐鲁番斗鸡
108. 麻城绿壳蛋鸡
109. 太行鸡
110. 广元灰鸡
111. 荆门黑羽绿壳蛋鸡
112. 富蕴黑鸡
113. 天长三黄鸡
114. 宁蒗高原鸡
115. 沂蒙鸡

(二)培育品种

1. 新狼山鸡
2. 新浦东鸡
3. 新扬州鸡
4. 京海黄鸡
5. 雪域白鸡

(三)培育配套系

1. 京白 939
2. 康达尔黄鸡 128 配套系
3. 新杨褐壳蛋鸡配套系
4. 江村黄鸡 JH-2 号配套系
5. 江村黄鸡 JH-3 号配套系
6. 新兴黄鸡 II 号配套系
7. 新兴矮脚黄鸡配套系
8. 岭南黄鸡 I 号配套系
9. 岭南黄鸡 II 号配套系
10. 京星黄鸡 100 配套系
11. 京星黄鸡 102 配套系
12. 农大 3 号小型蛋鸡配套系
13. 邵伯鸡配套系
14. 鲁禽 1 号麻鸡配套系
15. 鲁禽 3 号麻鸡配套系
16. 新兴竹丝鸡 3 号配套系
17. 新兴麻鸡 4 号配套系
18. 粤禽皇 2 号鸡配套系
19. 粤禽皇 3 号鸡配套系
20. 京红 1 号蛋鸡配套系
21. 京粉 1 号蛋鸡配套系
22. 良凤花鸡配套系
23. 墟岗黄鸡 1 号配套系
24. 皖南黄鸡配套系
25. 皖南青脚鸡配套系
26. 皖江黄鸡配套系
27. 皖江麻鸡配套系
28. 雪山鸡配套系
29. 苏禽黄鸡 2 号配套系
30. 金陵麻鸡配套系
31. 金陵黄鸡配套系
32. 岭南黄鸡 3 号配套系
33. 金钱麻鸡 1 号配套系
34. 南海黄麻鸡 1 号
35. 弘香鸡
36. 新广铁脚麻鸡

37. 新广黄鸡 K996
38. 大恒 699 肉鸡配套系
39. 新杨白壳蛋鸡配套系
40. 新杨绿壳蛋鸡配套系
41. 凤翔青脚麻鸡
42. 凤翔乌鸡
43. 五星黄鸡
44. 金种麻黄鸡
45. 振宁黄鸡配套系
46. 潭牛鸡配套系
47. 三高青脚黄鸡 3 号
48. 京粉 2 号蛋鸡
49. 大午粉 1 号蛋鸡
50. 苏禽绿壳蛋鸡
51. 天露黄鸡
52. 天露黑鸡
53. 光大梅黄 1 号肉鸡
54. 粤禽皇 5 号蛋鸡
55. 桂凤二号黄鸡
56. 天农麻鸡配套系
57. 新杨黑羽蛋鸡配套系
58. 豫粉 1 号蛋鸡配套系
59. 温氏青脚麻鸡 2 号配套系
60. 农大 5 号小型蛋鸡配套系
61. 科朗麻黄鸡配套系
62. 金陵花鸡配套系
63. 大午金凤蛋鸡配套系
64. 京白 1 号蛋鸡配套系
65. 京星黄鸡 103 配套系
66. 栗园油鸡蛋鸡配套系
67. 黎村黄鸡配套系
68. 凤达 1 号蛋鸡配套系
69. 欣华 2 号蛋鸡配套系
70. 鸿光黑鸡配套系
71. 参皇鸡 1 号配套系
72. 鸿光麻鸡配套系
73. 天府肉鸡配套系
74. 海扬黄鸡配套系
75. 肉鸡 WOD168 配套系
76. 京粉 6 号蛋鸡配套系
77. 金陵黑凤鸡配套系
78. 大恒 799 肉鸡
79. 神丹 6 号绿壳蛋鸡
80. 大午褐蛋鸡

(四)引入品种

1. 隐性白羽鸡
2. 矮小黄鸡
3. 来航鸡
4. 洛岛红鸡
5. 贵妃鸡
6. 白洛克鸡
7. 哥伦比亚洛克鸡
8. 横斑洛克鸡

(五)引入配套系

1. 雪佛蛋鸡
2. 罗曼(罗曼褐、罗曼粉、罗曼灰、罗曼白 LSL)蛋鸡
3. 艾维茵肉鸡
4. 澳洲黑鸡
5. 巴波娜蛋鸡
6. 巴布考克 B380 蛋鸡
7. 宝万斯蛋鸡
8. 迪卡蛋鸡
9. 海兰(海兰褐、海兰灰、海兰白

W36、海兰白 W80、海兰银褐)蛋鸡

10. 海赛克斯蛋鸡
11. 金慧星
12. 罗马尼亚蛋鸡
13. 罗斯蛋鸡
14. 尼克蛋鸡
15. 伊莎(伊莎褐、伊莎粉)蛋鸡
16. 爱拔益加
17. 安卡
18. 迪高肉鸡
19. 哈伯德
20. 海波罗
21. 海佩克
22. 红宝肉鸡
23. 科宝 500 肉鸡
24. 罗曼肉鸡
25. 罗斯(罗斯 308、罗斯 708)肉鸡
26. 明星肉鸡
27. 尼克肉鸡
28. 皮尔奇肉鸡
29. 皮特逊肉鸡
30. 萨索肉鸡
31. 印第安河肉鸡
32. 诺珍褐蛋鸡

九、鸭

(一)地方品种

1. 北京鸭
2. 高邮鸭
3. 绍兴鸭
4. 巢湖鸭
5. 金定鸭
6. 连城白鸭
7. 莆田黑鸭
8. 龙岩山麻鸭
9. 大余鸭
10. 吉安红毛鸭
11. 微山麻鸭
12. 文登黑鸭
13. 淮南麻鸭
14. 恩施麻鸭
15. 荆江鸭
16. 沔阳麻鸭
17. 攸县麻鸭
18. 临武鸭
19. 广西小麻鸭
20. 靖西大麻鸭
21. 龙胜翠鸭
22. 融水香鸭
23. 麻旺鸭
24. 建昌鸭
25. 四川麻鸭
26. 三穗鸭
27. 兴义鸭
28. 建水黄褐鸭
29. 云南麻鸭
30. 汉中麻鸭
31. 褐色菜鸭
32. 枞阳媒鸭
33. 缙云麻鸭
34. 马踏湖鸭
35. 娄门鸭
36. 于田麻鸭

37. 润州凤头白鸭

(二)培育配套系

1. 三水白鸭配套系
2. 仙湖肉鸭配套系
3. 南口 1 号北京鸭配套系
4. Z 型北京鸭配套系
5. 苏邮 1 号蛋鸭
6. 国绍 I 号蛋鸭配套系
7. 中畜草原白羽肉鸭配套系
8. 中新白羽肉鸭配套系
9. 神丹 2 号蛋鸭
10. 强英鸭

(三)引入品种

咔叽·康贝尔鸭

(四)引入配套系

1. 奥白星鸭
2. 狄高鸭
3. 枫叶鸭
4. 海加德鸭
5. 丽佳鸭
6. 南特鸭
7. 樱桃谷鸭

十、鹅

(一)地方品种

1. 太湖鹅
2. 籽鹅
3. 永康灰鹅
4. 浙东白鹅
5. 皖西白鹅
6. 雁鹅
7. 长乐鹅
8. 闽北白鹅
9. 兴国灰鹅
10. 丰城灰鹅
11. 广丰白翎鹅
12. 莲花白鹅
13. 百子鹅
14. 豁眼鹅
15. 道州灰鹅
16. 酃县白鹅
17. 武冈铜鹅
18. 溆浦鹅
19. 马岗鹅
20. 狮头鹅
21. 乌鬃鹅
22. 阳江鹅
23. 右江鹅
24. 定安鹅
25. 钢鹅
26. 四川白鹅
27. 平坝灰鹅
28. 织金白鹅
29. 云南鹅
30. 伊犁鹅

(二)培育品种

扬州鹅

(三)培育配套系

1.天府肉鹅

2.江南白鹅配套系

(四)引入配套系

1.莱茵鹅

2.朗德鹅

3.罗曼鹅

4.匈牙利白鹅

5.匈牙利灰鹅

6.霍尔多巴吉鹅

十一、鸽

(一)地方品种

1.石岐鸽

2.塔里木鸽

3.太湖点子鸽

(二)培育配套系

1.天翔1号肉鸽配套系

2.苏威1号肉鸽

(三)引入品种

1.美国王鸽

2.卡奴鸽

3.银王鸽

(四)引入配套系

欧洲肉鸽

十二、鹌鹑

(一)培育配套系

神丹1号鹌鹑

(二)引入品种

1.朝鲜鹌鹑

2.迪法克FM系肉用鹌鹑

特种畜禽

一、梅花鹿

(一)地方品种

吉林梅花鹿

(二)培育品种

1. 四平梅花鹿
2. 敖东梅花鹿
3. 东丰梅花鹿
4. 兴凯湖梅花鹿
5. 双阳梅花鹿
6. 西丰梅花鹿
7. 东大梅花鹿

二、马鹿

(一)地方品种

东北马鹿

(二)培育品种

1. 清原马鹿
2. 塔河马鹿
3. 伊河马鹿

(三)引入品种

新西兰赤鹿

三、驯鹿

地方品种

敖鲁古雅驯鹿

四、羊驼

引入品种

羊驼

五、火鸡

(一)地方品种

闽南火鸡

(二)引入品种

1. 尼古拉斯火鸡
2. 青铜火鸡

(三)引入配套系

1. BUT 火鸡
2. 贝蒂纳火鸡

六、珍珠鸡

引入品种

珍珠鸡

七、雉鸡

(一)地方品种

1. 中国山鸡
2. 天峨六画山鸡

(二)培育品种

1. 左家雉鸡
2. 申鸿七彩雉

(三)引入品种

美国七彩山鸡

八、鹧鸪

引入品种

鹧鸪

九、番鸭

(一)地方品种

中国番鸭

(二)培育配套系

温氏白羽番鸭 1 号

(三)引入品种

番鸭

(四)引入配套系

克里莫番鸭

十、绿头鸭

引入品种

绿头鸭

十一、鸵鸟

引入品种

1. 非洲黑鸵鸟
2. 红颈鸵鸟

3. 蓝颈鸵鸟

十二、鸸鹋

引入品种

鸸鹋

十三、水貂(非食用)

(一)培育品种

1. 吉林白水貂
2. 金州黑色十字水貂
3. 山东黑褐色标准水貂
4. 东北黑褐色标准水貂
5. 米黄色水貂
6. 金州黑色标准水貂
7. 明华黑色水貂
8. 名威银蓝水貂

(二)引入品种

1. 银蓝色水貂
2. 短毛黑色水貂

十四、银狐(非食用)

引入品种

1. 北美赤狐
2. 银黑狐

十五、北极狐(非食用)

引入品种

北极狐

十六、貉(非食用)

(一)地方品种

乌苏里貉

(二)培育品种

吉林白貉

国家畜禽遗传资源委员会办公室　2021 年 1 月 13 日印发

附录 2　方差组分估计的原理和方法

方差组分估计是“生物统计学”课程的内容之一，也是动物育种工作的重要一环。它是指从总的方差中剖分出属于遗传变异的部分，从而估计出数量性状的三个遗传参数，即遗传力、重复力和遗传相关，进而预测育种值、规划育种方案、预测选择效果，以及解释数量性状的遗传机制等。方差组分估计的方法可以分为四类：ANOVA 法、最小范数法、基于 ML 的方法和贝叶斯法。具体又可以细分为以下几种。

1. ANOVA 法

ANOVA 法即方差分析法，是由 Fisher 最先提出的，对于均衡资料的处理它仍然是最理想的方法。家系结构最常考虑的是父系半同胞。使用 ANOVA，家系成员或组间的协方差由组间的方差组分决定，这就要求把观测值的总平方和剖分成归因于模型中不同来源变异的部分。这个规则适用于多元分析，但是在多元分析中，用性状间的乘积和代替了观测值平方和。对于均衡资料，组间观测值平方和是互不相关的，而且它们的期望值是方差组分的简单线性组合，因此即使是对于多个交叉分类，它们的计算很简单，估计值也是唯一的。这个方法可用于均衡资料的任何模型，但有时会出现方差组分估计值为负值的情况。

2. Henderson 法

Henderson 提出了三种用于非均衡资料的方差组分估计法，分别称为 Henderson 方法Ⅰ、Ⅱ和Ⅲ。Henderson 方法Ⅰ仅适用 $\boldsymbol{X\beta}=\boldsymbol{I\mu}$ 的随机模型，即 $\boldsymbol{y}=\boldsymbol{I\mu}+\sum \boldsymbol{Z}_i\boldsymbol{\mu}_i+\boldsymbol{e}$。Henderson 方法Ⅱ只能用于没有固定效应与随机效应的互作，或随机效应嵌套在固定效应中的模型。Henderson 方法Ⅲ也称为拟合常量法，它适用于所有混合模型的方差组分估计。这三个方法实际上都是方差分析法的推广，其基本思路相同，即通过使观测值的某些二次型函数与其数学期望相等，而数学期望是方差组分的线性组合，由此可得到关于方差组分的线性方程组，对这一方程组求解就可以得到方差组分估计值。不同之处在于二次型函数：在方差分析中，二次型函数是平方和（或均方）；在方法Ⅰ中，二次型函数是方差分析中各平方和的类推。方法Ⅲ所用的二次型函数是一组配合模型缩约平方和。由 Henderson 三种方法得出的估计值都是无偏的，具有平移不变性，但不具有唯一性，因为无法证明它们的方差是否为最小。同时，它们也具有经典的方差分析所具有的缺点，即可能出现负的估计值以及估计值的抽样方差未知。

3. MIVQUE 和 MINQUE 法

MIVQUE 法要求观测值的分布已知，当观测值服从正态分布时，可得出方差组分的最小方差二次无偏估计值。C. R. Rao 进一步改进的最小范数 MINQUE 法不要求观测值的分布已知，但当观测值服从正态分布时，MINQUE 法就等于 MIVQUE 法；当数据不服从正态分布时，它可以保证方差估计值有最小的欧几里得范数，其估计值为最小范数二次无偏估计值。MINQUE 法的特点是：①估计值具有无偏性和平移不变性；②要使用有关方差的先验信息；③估计值具有最小范数，且当方差的先验值等于真值，并服从正态分布时，估计值具有最小方差。在估计过程中，需要事先给定权重，这些权重可作为 σ_i^2 的先验值，因此 MINQUE 法的估计值不具有唯一性，对于同一资料采用不同的先验值可产生不同的结果；④若对 MINQUE 迭代，即将所得到的估计值重新作为先验值再进行 MINQUE，并重复该过程直至收敛，其结果将与 REML 法得到的估计值相同（负值的情况除外）。因此，现在育种上这种方法很少应用。

4. ML 和 REML 法

ML 和 REML 是现代动物育种中应用较多的方法。两个方法具有差异：ML 法是将 y 的似然函数方程最大化，REML 法是将 $\boldsymbol{k}'\boldsymbol{y}$ 的似然函数方程最大化。但它们具有一些共同的特征：均使用与 MINQUE 法相同的二次型；估计值一般是有偏的；必须用迭代法求解；服从 $\boldsymbol{y} \sim N(\boldsymbol{X\beta},\boldsymbol{V})$ 这个假设条件。

Fisher 提出的 ML 法由 Hartley 和 Rao 第一次应用到线性模型中，此后在动物育种中得到广泛的应用。对于一个固定模型（待估计的参数和特定的数据已知），可计算出参数准确的似然函数值。ML 法的估计值必须通过迭代求解，因此不可能得到估计值准确的抽样方差。但当样本较大时，可求得估计值的近似方差。与 ANOVA 法相比，ML 法考虑了某些选择的情况，在分析中包含了除不分析性状外的所有信息，即使只有部分满足假设条件，ML 法的估计值也比 ANOVA 法的估计值更为准确。此外，ML 法还可以很好地解决经典的方差分析模型所不能解决的问题。

混合模型中 ML 法的一个主要的缺陷是固定效应被认为是已知的，没有考虑到估计固定效应时自由度的损失，有时会产生很大的偏差。后来的 REML 法，它通过独立于固定效应的似然函数的局部最大化克服了这个问题。该方法是对观测值经 GLS 即广义最小二乘，剔除固定效应后求解。目前，REML 法成为动物育种应用的主要方法，研究者们根据其原理研制了很多软件包。

REML 法和 MINQUE 法的区别：两者的估计方程在形式上完全相同，不同之处在于 MINQUE 法用方差组分的先验值，一次求解即可得到 MINQUE 法的估计值；而 REML 法则用方差组分的初值，经过多次迭代，收敛后才能得到 REML 法的估计值。在某些情况下(MINQUE 法计算中无负的估计值)，可以把 MINQUE 法的估计值作为先验值，再用 MINQUE 法求解，即可通过迭代 MINQUE 得到 REML 法的估计值，称之为迭代 MINQUE 法。

5. 贝叶斯法

在动物育种中，通常假设数据服从混合模型，当方差组分值未知时，预测固定效应和随机效应方差组分的典型方法是 REML，据此认为这些估计值接近真值。贝叶斯法相比经典的 REML 法有以下 3 个优点：①用贝叶斯法估计的方差总是正的，区间估计不会包含负值，这与 REML 法估计相反。虽然 REML 法估计定义在适当的参数空间范围内，但它们的渐近分布可能产生包含负值的区间估计值，这在基于似然估计方法中经常被忽略。②高的后验密度区域绝不会是空的，然而典型的 REML 法可能在方差比率区域产生空值。③在贝叶斯方法中能报告参数所有的后验可能分布。在 REML 法估计值中，方差组分被固定成一个值而忽略了估计值的可信度。贝叶斯法通过方差组分合理的平均值体现了这个可信度，这可通过选择一个合适的先验区域来实现。估计值的置信区间可以很容易得到，可以预测的所有随机效应的信息也包含在随机效应先验分布中，人们通常把贝叶斯法理论称为计算机加强器。在很多情况下，为了获得后验密度需要综合多方面的信息，这在过去比较困难，但现在用马尔科夫链-蒙特卡罗方法(Markov Chain Monte Carlo methods，MCMCM)和 Gibbs 抽样(Gibbs sampling)解决了这个问题。

附录3　通径分析理论

通径分析理论由 Wright 在 1921 年提出。在家畜育种中，主要用来估计表型或遗传相关程度（遗传参数），以及计算近交系数和亲缘系数等。

通径分析是借助图解来阐明变量间相互关系的方法，当变量之间相互因果关系确定下来后，就可以估计引起方差、协方差来源（原因）的相对大小。在“生物统计学”课程中，已知两个变量间的关系有两种：一种是平行关系，另一种是因果关系。在通径分析中，因果关系的变量用单箭头线表示，方向由因到果，称为通径线；平行关系的变量用双箭头线表示，称为相关线。每条线的相对重要性称为系数。通径线的系数即通径系数，相关线的系数即相关系数。

如猪的屠宰体重（Y），由生长速度（X_1）和 4 月龄体重（X_2）决定，而它们又由饲养条件（X_3）决定，下图即通径图。

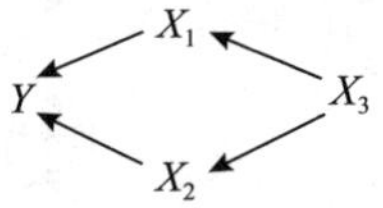

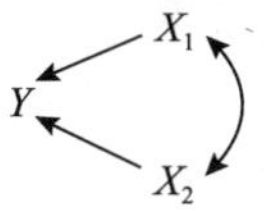

通径系数的实质就是标准化的回归系数。

$$P_{y,x}=b_{y,x}\frac{\sigma_x}{\sigma_y}$$

在多数情况下，通径系数为标准化的偏回归系数。

$$P_{y,x}=\frac{\sigma_x}{\sigma_y}$$

需要注意的是，通径系数下标中依变量在前，自变量在后，二者用点“.”分开；通径系数没有单位。当只有两个变量时，通径系数等于相关系数。

通径系数的性质(一)

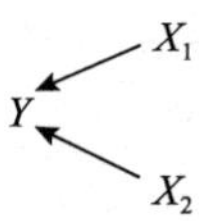

$$P_{y.x_1}=r_{y.x_1},P_{y.x_2}=r_{y.x_2}$$
$$d_{y.x_1}+d_{y.x_2}=1$$

如果原因不完全，则决定系数之和小于 1。决定系数是自变量到依变量的通径系数的平方，即 $d_{y.x}=P_{y.x}^2$。

根据方差剖分原理：$\sigma_y^2=\sigma_{x_1}^2+\sigma_{x_2}^2$，则推导出$\frac{\sigma_{x_1}^2}{\sigma_y^2}+\frac{\sigma_{x_2}^2}{\sigma_y^2}=1$。

通径系数的性质(二)

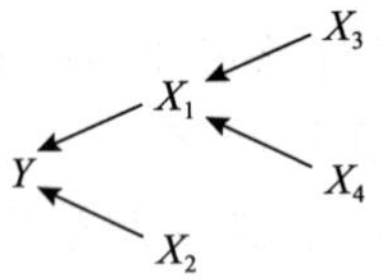

$$P_{y.x_3}=P_{y.x_1}\times P_{x_1.x_3},P_{y.x_4}=P_{y.x_1}\times P_{x_1.x_4}$$
$$d_{y.x_1}=d_{y.x_3}+d_{y.x_4}$$

通径系数的性质(三)

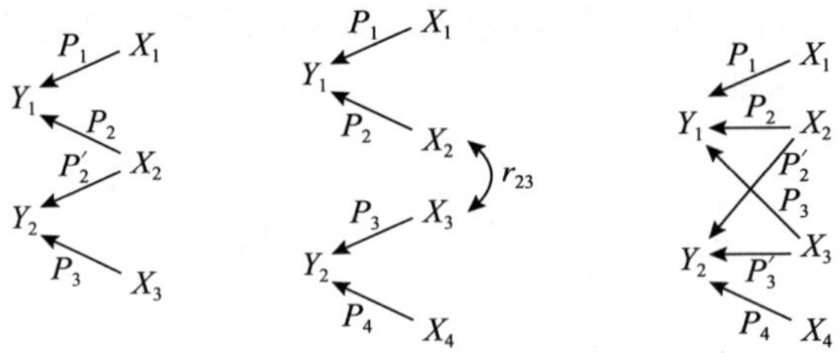

$$r_{y_1y_2}=P_2\times P'_2(左)；$$
$$r_{y_1y_2}=r_{x_2x_3}\times P_2\times P_3(中)；$$
$$r_{y_1y_2}=P_2\times P'_2+P_3\times P'_3(右)$$

通径系数的性质(四)

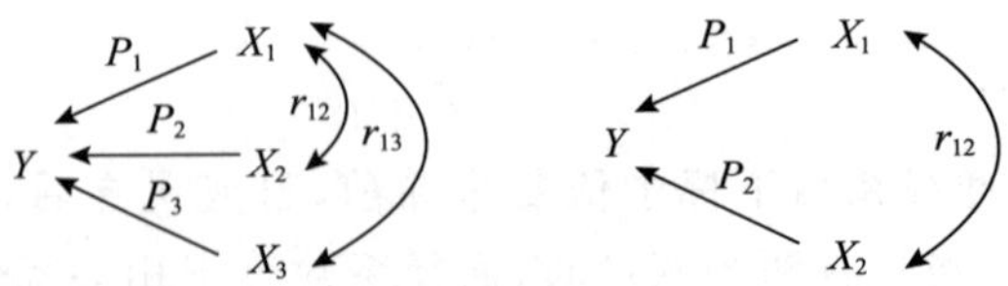

$$r_{yx_1}=P_1+r_{x_1x_2}\times P_2+r_{x_1x_3}\times P_3；$$
$$d_{y.x_1}+d_{y.x_2}+d_{y.x_1x_2}=1$$

通径系数的性质(五)

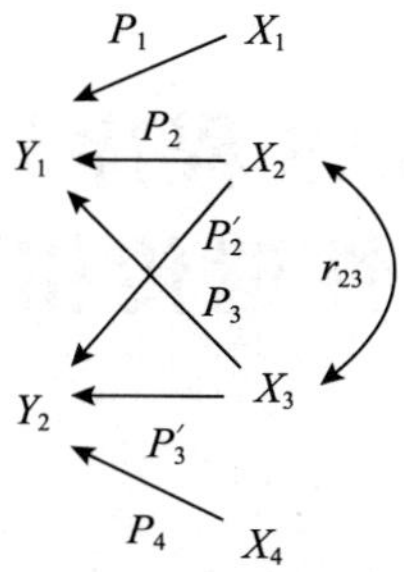

$$r_{y_1 y_2} = P_2 \times P'_2 + P_3 \times P'_3 + P_2 \times r_{x_2 x_3} \times P'_3 + P_3 \times r_{x_2 x_3} \times P'_2$$

通径链的追溯规则

通径方向,只能"先退后进",不能"先进后退"。一条通径链最多只能改变一次方向。每通过一条相关线等于改变一次方向。邻近通径必须以尾端与相关线相接。一条通径链内至多只能有一条相关线。不同的通径链可以重复通过同一条相关线。在追溯两个结果的通径链时要避免重复和遗漏。

附录 4　利用 SAS 程序计算近交系数和加性遗传相关

在实验 11 中已经述及，采用手工计算个体近交系数时，需要事先绘制出完整的系谱图，找出所有通径链，这在畜群系谱结构比较简单、所需计算的个体数较少时尚可进行，但当畜群规模较大、结构复杂，且涉及的个体数较多时，其计算就显得相当困难，而且容易出错。加性遗传相关的计算也是如此，尽管可以采用递推的方法进行计算，但如果不利用计算机，对大群体的计算难以进行。

SAS 系统提供了一个可用于计算大群体近交系数和加性遗传相关的过程——PROC INBREED 过程，它不仅可以计算出群体中每个个体的近交系数，还可以计算出每一性别或整个群体的平均近交系数，以及每一潜在交配组合所生后代的近交系数，同时还能够计算出群体内所有个体间的加性遗传相关。

以下通过两个具体的例子来说明如何应用 PROC INBREED 过程来进行群体近交程度的分析以及计算个体间的加性遗传相关。

例 1：现有 7 个个体组成的群体，其系谱记录见附表 4-1（该例中的数据与实验 12 中的示例数据相同）。

附表 4-1　7 个个体的系谱记录

个体	性别	父亲	母亲
1	M	—	—
2	F	—	—
3	M	1	—
4	F	1	2
5	M	3	4
6	F	1	4
7	M	5	6

试计算每个个体的近交系数和个体间的加性遗传相关。

SAS 程序为：

```
OPTIONS NODATE NONUMBER;
DATA exam4_1;
INPUT num $  sire $  dam $  sex $ @@;
CARDS;
1 . . M  2 . . F  3 1 . M  4 1 2 F  5 3 4 M  6 1 4 F  7 5 6 M
;
PROC INBREED IND MATRIX;
VAR num sire dam;
RUN;
PROC INBREED COVAR MATRIX;
VAR num sire dam;
RUN;
```

SAS 输出结果为：

近交系数矩阵

NUM 个体	SIRE 父亲	DAM 母亲	1	2	3	4	5	6	7
			近交系数						
1			.	.	0.2500	0.2500	0.2500	0.3750	0.3125
2			.	.		0.2500	0.1250	0.1250	0.1250
3	1		0.2500	.	.	0.1250	0.3125	0.1875	0.2500
4	1	2	0.2500	0.2500	0.1250	.	0.3125	0.3750	0.3438
5	3	4	0.2500	0.1250	0.3125	0.3125	0.1250	0.2813	0.4219
6	1	4	0.3750	0.1250	0.1875	0.3750	0.2813	0.2500	0.4531
7	5	6	0.3125	0.1250	0.2500	0.3438	0.4219	0.4531	0.2813

个体近交系数

NUM 个体	SIRE 父亲	DAM 母亲	
1			
2			
3	1		
4	1	2	
5	3	4	0.1250

6	1	4	0.2500
7	5	6	0.2813

本例中,5 号个体的近交系数为 0.1250,3 号和 4 号个体潜在后代的近交系数为 0.1250。从系谱结构中可以看出,事实上 5 号个体就是 3 和 4 两个个体的后代。

从个体近交系数的结果中可以看出,1、2、3、4 号个体的近交系数都为 0,即为非近交个体,5、6、7 号个体的近交系数分别为 0.1250、0.2500 和 0.2813。

在所输出的加性遗传相关矩阵中,对角线上的第 i 个元素为个体 i 与其自身的加性遗传相关(a_{ii})。根据实验 12 中介绍的公式,有 $F_X = a_{ii} - 1$,即对角线元素减 1 就等于相应个体的近交系数。非对角线上的第 i 行第 j 列元素为个体 i 与个体 j 的加性遗传相关。

协方差矩阵

NUM	SIRE	DAM	1	2	3	4	5	6	7
个体	父亲	母亲	协方差(加性遗传相关)						
1			1.0000		0.5000	0.5000	0.5000	0.7500	0.6250
2				1.0000		0.5000	0.2500	0.2500	0.2500
3	1		0.5000		1.0000	0.2500	0.6250	0.3750	0.5000
4	1	2	0.5000	0.5000	0.2500	1.0000	0.6250	0.7500	0.6875
5	3	4	0.5000	0.2500	0.6250	0.6250	1.1250	0.5625	0.8438
6	1	4	0.7500	0.2500	0.3750	0.7500	0.5625	1.2500	0.9063
7	5	6	0.6250	0.2500	0.5000	0.6875	0.8438	0.9063	1.2813

可见该结果与实验 12 通过递推公式计算出的结果相同。

例 2:现有 11 头猪组成的一个群体,其系谱结构如附表 4-2 所示。

附表 4-2　11 头猪的系谱结构

个体	性别	父亲	母亲
3503	M	2199	2500
3514	F	2521	3112
3518	F	2521	2500
3500	F	2199	3112

续附表 4-2

个体	性别	父亲	母亲
2788	F	3503	3514
3501	M	2521	3514
3712	F	3503	3514
3120	F	2199	3500
3361	M	3501	3112
3580	F	3361	3514
3842	F	3501	3580

试计算所有个体的近交系数、群体平均近交系数，并计算 3503 号公猪与 3712、3580 号母猪，3361 号公猪与 3112、3514 号母猪交配的后代的近交系数。

SAS 程序为：

```
OPTIONS NODATE NONUMBER;
DATA exam4_2;
INPUT num $  sire $  dam $  sex $  @@;
CARDS;
2199   .    .    M  2500   .    .    F  2521   .    .    M
3112   .    .    F  3503 2199 2500 M  3514 2521 3112 F
3518 2521 2500 F  3500 2199 3112 F  2788 3503 3514 F
3501 2521 3514 M  3712 3503 3514 F  3120 2199 3500 F
3361 3501 3112 M  3580 3361 3514 F  3842 3501 3580 F
;
PROC INBREED IND AVERAGE;
VAR num sire dam;
MATINGS 3503/3712 3580,3361/3112 3514;
GENDER sex;
RUN;
```

SAS 输出结果为：

(1)个体近交系数

所有 15 头猪中，除了 3501、3361、3580 和 3842 号猪为近交个体外，其余个体的近交系数都为 0。上述 4 头猪的近交系数分别为 0.2500、0.1250、0.3125 和 0.3750。

个体近交系数

NUM 个体	SIRE 父亲	DAM 母亲	近交系数
2199			
2500			
2521			
3112			
3500			
3503	2199	2500	
3514	2521	3112	
3518	2521	2500	
2788	3503	3514	
3501	2521	3514	0.2500
3712	3503	3514	
3120	2199	3500	
3361	3501	3112	0.1250
3580	3361	3514	0.3125
3842	3501	3580	0.3750

(2)交配组合后代的近交系数

该部分输出的是某一特定交配组合所产生的后代的近交系数。本例中,3503号公猪与3712和3580号母猪交配,其后代的近交系数分别为0.2500和0,3361号公猪与3112和3514号母猪交配,其后代的近交系数都为0.3125。

交配组合后代的近交系数

SIRE 公猪	DAM 与配母猪	后代的近交系数
3503	3712	0.2500
3503	3580	0
3361	3112	0.3125
3361	3514	0.3125

(3)群体近交系数

该部分输出结果中第一列数据(Inbreeding)为近交系数矩阵中对角线上元素的平均,即某一性别或整个群体的平均近交系数,第二列数据(Coancestry)为近交系数矩阵非对角线元素的平均值。

平均近交系数

	Inbreeding 近交系数	Coancestry 共祖率系数
Male X Male 公猪	0.0750	0.1188
Male X Female		0.1316
Female X Female 母猪	0.0688	0.1189
Over Sex 总群	0.0708	0.1249

Number of Males 公猪数	5
Number of Females 母猪数	10
Number of Individuals 总个体数	15

从上面的输出结果可以看出,该猪群共有 5 头公猪和 10 头母猪,其中公猪的平均近交系数为 0.0750,母猪的平均近交系数为 0.0688,整个群体的平均近交系数为 0.0708。

附录 5 利用 SAS 程序预测育种值

根据实验 13 中的混合模型方程组(MME)：

$$\begin{bmatrix} X'X & X'Z \\ Z'X & Z'Z+A^{-1}\alpha \end{bmatrix} \begin{bmatrix} \hat{b} \\ \hat{a} \end{bmatrix} = \begin{bmatrix} X'y \\ Z'y \end{bmatrix}$$

由该式可知，要获得固定效应向量($\boldsymbol{b}$) 和个体育种值向量($\boldsymbol{a}$) 的解，必须首先构造分子亲缘矩阵 $\boldsymbol{A}$，求出它的逆阵$\boldsymbol{A}^{-1}$，构造出混合模型方程组后再求出相应向量的解。在附录 4 中已经提到，SAS 系统中的 PROC INBREED 过程能够计算出分子亲缘矩阵 $\boldsymbol{A}$。而 PROC MIXED 过程适合求解混合模型方程组，进而使得可以利用 SAS 程序预测育种值。

例 1：基于公畜模型的 BLUP 计算，个体数据列入附表 5-1。在 4 头公牛中，公牛 1 与公牛 2 是半同胞，其余为非近交个体。

附表 5-1 公牛不同牧场女儿的头胎乳脂量

牛场	公牛女儿的头胎乳脂量/g			
	公牛 1	公牛 2	公牛 3	公牛 4
牛场 1	240	180		170
		200		
牛场 2	190		140	100
	170			130

SAS 程序：程序给出了以牛场为固定效应(pasture)、公牛个体的育种值效应(sire)和头胎乳脂量(y) 按公畜模型编写的主要语句。加性遗传方差-协方差矩阵 $\boldsymbol{G}=\boldsymbol{A}\sigma_u^2$，主要是通过调用 INBREED 过程形成的数据集，并赋给 gdata。估计固定效应和预测育种值的 SAS 程序如下。

```
DATA exam5_1;
INPUT pasture $ sire $ y@@;
CARDS;
```

```
1 1 240   1 2 180   1 2 200   1 4 170
2 1 190   2 1 170   2 3 140   2 4 100   2 4 130
;
PROC MIXED data = exam5_1;
CLASS pasture sire;
MODEL y = pasture / s ;
RANDOM sire / gdata = G s;
RUN;
```

计算结果见附表 5-2。

附表 5-2　不同牧场效应和预测的公牛育种值

牧场效应		公牛的育种值			
牧场 1	牧场 2	公牛 1	公牛 2	公牛 3	公牛 4
196.84	145.54	7.2225	0.6371	−0.4262	−5.8615

例 2:基于动物模型的 BLUP 计算,个体数据资料见附表 5-3。

附表 5-3　不同牧场 9 个个体的系谱信息和观测值

牧场	个体	父亲	母亲	观测值
1	2	—	—	225
1	3	—	—	200
1	4	—	—	255
2	5	1	3	250
2	6	1	3	198
2	7	2	4	245
2	8	2	4	260
2	9	2	4	235

SAS 程序如下:

```
DATA exam5_2;
INPUT animal $ sire $ dam $ @@;
CARDS;
1 . .   2 . .   3 . .   4 . .   5 1 3   6 1 3   7 2 4   8 2 4   9 2 4
;
```

```
PROC INBREED OUTCOV = gdata COVAR;
VAR animal sire dam;
RUN;
PROC PRINT DATA = gdata;
DATA gd;
INPUT Row Col1-Col9;
DATALINES;
        1   1.0   0.0   0.0   0.0   0.5   0.5   0.0   0.0   0.0
        2   0.0   1.0   0.0   0.0   0.0   0.0   0.5   0.5   0.5
        3   0.0   0.0   1.0   0.0   0.5   0.5   0.0   0.0   0.0
        4   0.0   0.0   0.0   1.0   0.0   0.0   0.5   0.5   0.5
        5   0.5   0.0   0.5   0.0   1.0   0.5   0.0   0.0   0.0
        6   0.5   0.0   0.5   0.0   0.5   1.0   0.0   0.0   0.0
        7   0.0   0.5   0.0   0.5   0.0   0.0   1.0   0.5   0.5
        8   0.0   0.5   0.0   0.5   0.0   0.0   0.5   1.0   0.5
        9   0.0   0.5   0.0   0.5   0.0   0.0   0.5   0.5   1.0
;
DATA exam5_3;
INPUT farm $ animal $ y @@;
CARDS;
1 2 225 1 3 200 1 4 255 2 5 250
2 6 198 2 7 245 2 8 260 2 9 235
;
PROC MIXED DATA = exam5_3;
CLASS farm animal;
MODEL y = farm / s ;
RANDOM animal / gdata = gd s;
RUN;
QUIT;
```

计算结果见附表 5-4。

附表 5-4 不同牧场效应和预测的个体育种值

牧场效应		预测的个体育种值								
牧场 1	牧场 2	个体 1	个体 2	个体 3	个体 4	个体 5	个体 6	个体 7	个体 8	个体 9
225.86	236.34	−2.41	1.32	−10.23	11.32	−2.32	−12.72	6.79	9.79	4.79

附录 6　育种值预测的 BLUP 法(2)

BLUP 法已被广泛应用于家畜育种中，其优点有：①估计误差最小（即模型是最佳模型），估计育种值的数学期望为真值，即估计无偏；②在同一估计方程中，既能估计出固定环境效应和固定遗传效应（遗传组），又能预测随机遗传效应，即个体的育种值；③可充分利用一切数据资料，并考虑它们之间的分子亲缘关系，使育种值的估计值更接近于真实值。

为了更好地理解和掌握 BLUP 法预测育种值的原理，本附录将从以下几个方面进行论述。

1. BLUP 法的基础知识

1)矩阵代数简介

关于矩阵的定义以及矩阵运算，属于线性代数中的内容。了解这部分知识对于理解后续相关公式及其推导至关重要，但因内容较多，在此不赘述，详见于向春和张豪(2016)主译《线性模型在动物育种值预测中的应用》(第 3 版)中的附录 A——矩阵代数简介。

2)期望和方差

(1)期望　随机变量的期望(expectation)即总体平均数，表示为 $\mu=E(X)$。

期望的性质有：$E(a)=a$（a 是常量）；$E(X\pm Y)=E(X)\pm E(Y)$；$E(aX)=aE(X)$；$E(XY)=E(X)E(Y)$（X 和 Y 彼此独立）。

(2)方差　随机变量的方差(variance)即总体方差，表示为：

$$\sigma^2=\mathrm{Var}(X)=\frac{\sum(x_i-\mu)^2}{N}=E[(X-\mu)^2]$$

方差的性质有：

$\mathrm{Var}(a)=0$（a 是常量）；$\mathrm{Var}(aX)=a^2\mathrm{Var}(X)$；$\mathrm{Var}(X\pm Y)=\mathrm{Var}(X)+\mathrm{Var}(Y)$（$X$ 和 Y 彼此独立）；$\mathrm{Var}(XY)\neq\mathrm{Var}(X)\mathrm{Var}(Y)$。

3)2 个模型和 3 个效应

模型就是一个数学表达式，其中涉及随机变量、数学变量和参数。例如，考虑一个物体在重力影响下，在真空中下降距离（S，随机变量）与时间（T，数学变量）的关系时，可建立数学表达式：$S=\beta T^2$。如果下降距离 S 不能被精确地度量，即存在随机的度量误差。设 S_i 为 S 的一个观测值，则有：$S_i=S+e_i$，于是有 $S_i=\beta T^2+e_i$。

（1）线性模型　线性模型是指随机变量和参数之间为线性关系的模型。假设有一个多元回归模型：

$$y=\beta_0+\beta_1 x_1+\beta_2 x_2+\cdots+\beta_k x_k+e$$

其中：y 为随机变量，β 为未知参数，x 为数学变量，e 为随机误差。

由此看来，线性模型是用来说明观测值 y 是如何产生和存在的，以及观测值与影响它的各因素间的关系如何。

设 y 和 $x_1, x_2, \cdots, x_k$ 之间服从线性关系，对 y 及 $x_1, x_2, \cdots, x_k$ 同时进行 n 次试验之后，得到 n 组数据，$y_i, x_{i1}, x_{i2}, \cdots, x_{ik}, i=1, \cdots, n$。对第 i 组数据有：

$$y_i=\beta_0+\beta_1 x_{i1}+\beta_2 x_{i2}+\cdots+\beta_k x_{ik}+e_i$$

令：

$$\boldsymbol{y}=\begin{bmatrix} y_1 \\ y_2 \\ \vdots \\ y_n \end{bmatrix} \quad \boldsymbol{X}=\begin{bmatrix} 1 & x_{11} & \cdots & x_{1k} \\ 1 & x_{21} & \cdots & x_{2k} \\ \vdots & \vdots & \vdots & \vdots \\ 1 & x_{n1} & \cdots & x_{nk} \end{bmatrix} \quad \boldsymbol{\beta}=\begin{bmatrix} \beta_0 \\ \beta_1 \\ \vdots \\ \beta_n \end{bmatrix} \quad \boldsymbol{e}=\begin{bmatrix} e_1 \\ e_2 \\ \vdots \\ e_n \end{bmatrix}$$

则上式用矩阵和向量可表示为：

$$\boldsymbol{y}=\boldsymbol{X}\boldsymbol{\beta}+\boldsymbol{e}$$

其中：$\boldsymbol{y}$ 为观测值向量；$\boldsymbol{X}$ 为常数矩阵；$\boldsymbol{\beta}$ 为参数向量；$\boldsymbol{e}$ 为随机误差向量。

（2）虚变量模型　设 y 为任一随机变量；$x_1, x_2, \cdots, x_k$ 均为虚变量，即它们只取值 0 或 1；$\beta_0, \beta_1, \cdots, \beta_k$ 为未知参数，则模型 $y=\beta_0+\beta_1 x_1+\beta_2 x_2+\cdots+\beta_k x_k+e$ 称为虚变量模型。

例如，研究不同群体对绒山羊产绒量的影响，得到如下结果（附表 6-1）。

附表 6-1　不同群体、不同个体的产绒量

群体	产绒量
1	y_{11}, y_{12}, y_{13}
2	y_{21}, y_{22}
3	y_{31}, y_{32}

其中，y_{ij} 为第 i 个群体内第 j 只绒山羊的产绒量。

以 a_1，a_2，a_3 分别代表 3 个不同群体对产绒量影响的效应大小，μ 代表全场产绒量的均值，则产绒量观测值可用下式来描述：

$$y_{ij}=\mu+a_1x_{i1}+a_2x_{i2}+a_3x_{i3}+e_{ij}$$

需要注意的是，对于某一个个体，它只能存在于一个群体中。于是规定：对于某个观测值，它受到哪个群体的影响，该群体对应的 x 就取 1，而其他就为 0。由于 x 只取值 0 或 1，可将模型简单地写为：

$$y_{ij}=\mu+a_i+e_{ij}$$

于是有：

$$\begin{aligned}
y_{11}&=\mu+a_1(1)+a_2(0)+a_3(0)+e_{11}\\
y_{12}&=\mu+a_1(1)+a_2(0)+a_3(0)+e_{12}\\
y_{13}&=\mu+a_1(1)+a_2(0)+a_3(0)+e_{13}\\
y_{21}&=\mu+a_1(0)+a_2(1)+a_3(0)+e_{21}\\
y_{22}&=\mu+a_1(0)+a_2(1)+a_3(0)+e_{22}\\
y_{31}&=\mu+a_1(0)+a_2(0)+a_3(1)+e_{31}\\
y_{32}&=\mu+a_1(0)+a_2(0)+a_3(1)+e_{11}
\end{aligned}$$

令：

$$\boldsymbol{y}=\begin{bmatrix}y_{11}\\y_{12}\\y_{13}\\y_{21}\\y_{22}\\y_{31}\\y_{32}\end{bmatrix}\qquad \boldsymbol{X}=\begin{bmatrix}1&1&0&0\\1&1&0&0\\1&1&0&0\\1&0&1&0\\1&0&1&0\\1&0&0&1\\1&0&0&1\end{bmatrix}\qquad \boldsymbol{b}=\begin{bmatrix}\mu\\a_1\\a_2\\a_3\end{bmatrix}\qquad \boldsymbol{e}=\begin{bmatrix}e_{11}\\e_{12}\\e_{13}\\e_{21}\\e_{22}\\e_{31}\\e_{32}\end{bmatrix}$$

那么虚变量模型的矩阵形式表示为：

$$\boldsymbol{y}=\boldsymbol{Xb}+\boldsymbol{e}$$

（3）3 个效应　固定效应：是可以完全控制的、固定不变的常数，诸如未知参数、回归系数或特定处理因子的效应等。

随机效应：指从总体中随机抽取的一些样本，通过对随机样本的测定来推断总体。因此，这是一种不能完全控制的效应，是随机变量。

混合效应（模型）：在一个模型中，除了群体均数 μ（固定）和误差项 e（随机）外，若模型中还含有其他固定效应和随机效应，则这个模型被称为混合模型。

例如：在预测绒山羊产绒量的育种值时，所建立的模型是：

$$y_{ijk}=\mu+h-y-s_i+age_{ij}+a_k+p_k+e_{ijk}$$

其中，$h-y-s_i$ 为群—年度—性别的固定效应，age_{ij} 为年龄的固定效应，a_k 为随机加性遗传效应，p_k 为随机永久性环境效应。因此，该模型就是一个混合模型。

4）最小二乘（least square，LS）估计

（1）常规最小二乘估计　对于固定模型：$\boldsymbol{y}=\boldsymbol{X\beta}+\boldsymbol{e}$，有假设 $\boldsymbol{E}(\boldsymbol{e})=0$，$\mathrm{Var}(\boldsymbol{e})=\sigma^2\boldsymbol{I}$，也就是随机误差间是相互独立的。因此有 $\boldsymbol{E}(\boldsymbol{y})=\boldsymbol{X\beta}$，$\mathrm{Var}(\boldsymbol{y})=\sigma^2\boldsymbol{I}$。则误差平方和 $\boldsymbol{Q}$（实为一具体数值，但可用矩阵表示）：

$$\boldsymbol{Q}=\boldsymbol{e}'\boldsymbol{e}=(\boldsymbol{y}-\boldsymbol{X\beta})'(\boldsymbol{y}-\boldsymbol{X\beta})=\sum(\boldsymbol{y}-\hat{\boldsymbol{y}})^2$$

所以 $\boldsymbol{Q}$ 反映了 $\boldsymbol{y}$ 与 $\hat{\boldsymbol{y}}$ 之间的总的误差程度。最小二乘法的原理是寻找使 $\boldsymbol{Q}$ 达到最小时的 $\hat{\beta}_1,\hat{\beta}_2,\cdots,\hat{\beta}_k$，作为 $\beta_1,\beta_2,\cdots,\beta_k$ 的点估计值，这时称 $\hat{\beta}_i$ 为 β_i 的最小二乘估计值。

①最小二乘方程组。因为有：

$$\begin{aligned}\boldsymbol{Q}&=(\boldsymbol{y}-\boldsymbol{X\beta})'(\boldsymbol{y}-\boldsymbol{X\beta})\\&=(\boldsymbol{y}'-\boldsymbol{\beta}'\boldsymbol{X}')(\boldsymbol{y}-\boldsymbol{X\beta})\\&=\boldsymbol{y}'\boldsymbol{y}-\boldsymbol{\beta}'\boldsymbol{X}'\boldsymbol{y}-\boldsymbol{y}'\boldsymbol{X\beta}+\boldsymbol{\beta}'\boldsymbol{X}'\boldsymbol{X\beta}\\&=\boldsymbol{y}'\boldsymbol{y}-2\boldsymbol{\beta}'\boldsymbol{X}'\boldsymbol{y}+\boldsymbol{\beta}'\boldsymbol{X}'\boldsymbol{X\beta}\text{（因为 }\boldsymbol{y}'\boldsymbol{X\beta}=\boldsymbol{\beta}'\boldsymbol{X}'\boldsymbol{y}\text{）}\end{aligned}$$

所以，求 $\boldsymbol{Q}$ 关于 $\boldsymbol{\beta}$ 的偏导数并令其为 0，得到：

$$\partial\boldsymbol{Q}/\partial\boldsymbol{\beta}=-2\boldsymbol{X}'\boldsymbol{y}+2\boldsymbol{X}'\boldsymbol{X\beta}=0$$

解方程求出 $\boldsymbol{\beta}$ 的估计值 $\hat{\boldsymbol{\beta}}$，即有：

$$\boldsymbol{X}'\boldsymbol{X}\hat{\boldsymbol{\beta}}=\boldsymbol{X}'\boldsymbol{y}$$

此式就是最小二乘方程组，也称正规方程组。

②最小二乘方程组的求解。当系数矩阵 $\boldsymbol{X}'\boldsymbol{X}$ 满秩时，方程组有唯一解，即：

$$\hat{\boldsymbol{\beta}}=(\boldsymbol{X}'\boldsymbol{X})^{-1}\boldsymbol{X}'\boldsymbol{y}$$

从性质上说，$\hat{\boldsymbol{\beta}}$ 是 $\boldsymbol{\beta}$ 的一个最佳线性无偏估计量。

当系数矩阵非满秩时，需通过广义逆、引入 Lagrange 乘子，或引入和约束条件

等方法求解。

例如：有 100 只绒山羊的产绒量记录，考查其不同群体、不同年度对产绒量的影响，建立如下线性模型（固定效应模型）：

$$y_{ijk}=\mu+\alpha_i+\beta_j+e_{ijk}$$

其中：α_i 是群体效应，β_j 是年度效应。

其最小二乘方程组为：$\boldsymbol{X}'\boldsymbol{X}\hat{\boldsymbol{\beta}}=\boldsymbol{X}'\boldsymbol{y}$，系数矩阵 $\boldsymbol{X}'\boldsymbol{X}$ 非满秩。在求解时引入和约束条件，即令所有群体效应 α 之和以及所有年度效应 β 之和均为 0，因为总平均数是所有 k 个群体的平均水平，即：

$$\mu=[(\mu+\alpha_1)+(\mu+\alpha_2)+\cdots+(\mu+\alpha_k)]/k$$

所以，$\alpha_1+\alpha_2+\cdots+\alpha_k=0$；同理，$\beta_1+\beta_2+\cdots+\beta_k=0$。此二式就可作为和约束条件加入系数矩阵中，使系数矩阵变为满秩矩阵，从而方程组有唯一解。

（2）广义最小二乘估计　假设有固定模型 $\boldsymbol{y}=\boldsymbol{X\beta}+\boldsymbol{e}$，对于随机误差有 $\boldsymbol{E}(\boldsymbol{e})=\boldsymbol{0}$，$\mathrm{Var}(\boldsymbol{e})=\sigma^2\boldsymbol{R}$，也就是随机误差间并非相互独立的（在固定效应模型中随机误差间是独立的）。

此时需要对 $\boldsymbol{y}$ 作一定的线性变换才能得到 $\boldsymbol{\beta}$ 的最小二乘估计值。

设有满秩矩阵 $\boldsymbol{Q}$，它满足 $\boldsymbol{QQ}'=\boldsymbol{R}^{-1}$。用 $\boldsymbol{Q}$ 对 $\boldsymbol{y}$ 作连续变换：

$$\boldsymbol{y}^*=\boldsymbol{Qy}=\boldsymbol{QX\beta}+\boldsymbol{Qe}=\boldsymbol{X}^*\boldsymbol{\beta}+\boldsymbol{e}^*$$

即令 $\boldsymbol{X}^*=\boldsymbol{QX}$，$\boldsymbol{e}^*=\boldsymbol{Qe}$，推导 $\boldsymbol{y}^*$ 的方差有：

$\mathrm{Var}(\boldsymbol{y}^*)=\mathrm{Var}(\boldsymbol{Qy})=\boldsymbol{Q}\mathrm{Var}(\boldsymbol{y})\boldsymbol{Q}'=\sigma^2\boldsymbol{QRQ}'$

因为已知：$\boldsymbol{QQ}'=\boldsymbol{R}^{-1}$

所以 $\boldsymbol{Q}^{-1}\boldsymbol{QQ}'\boldsymbol{Q}'^{-1}=\boldsymbol{Q}^{-1}\boldsymbol{R}^{-1}\boldsymbol{Q}'^{-1}=\boldsymbol{I}$

即 $\boldsymbol{Q}^{-1}\boldsymbol{R}^{-1}\boldsymbol{Q}'^{-1}=\boldsymbol{I}$

也即，$\boldsymbol{QRQ}'=\boldsymbol{I}$，那么 $\mathrm{Var}(\boldsymbol{y}^*)=\sigma^2\boldsymbol{I}$，即 $\boldsymbol{e}$ 的方差（固定效应模型中的 $\boldsymbol{e}$）。

该方差在形式上与常规最小二乘估计时 $\boldsymbol{y}$ 的方差相同。

①广义最小二乘方程组。根据 $\boldsymbol{y}^*$ 的方差-协方差矩阵形式可知，经线性变换后的模型 $\boldsymbol{y}^*=\boldsymbol{X}^*\boldsymbol{\beta}+\boldsymbol{e}^*$ 就是前面讨论过的残差效应相互独立时的随机变量的固定模型。因此，其最小二乘方程组为：

$$(\boldsymbol{X}^{*\prime}\boldsymbol{X}^*)\tilde{\boldsymbol{\beta}}=\boldsymbol{X}^{*\prime}\boldsymbol{y}^*$$

将 $\boldsymbol{X}^*=\boldsymbol{QX}$ 和 $\boldsymbol{y}^*=\boldsymbol{Qy}$ 代入，即可得到：

$$\boldsymbol{X}'\boldsymbol{R}^{-1}\boldsymbol{X}\tilde{\boldsymbol{\beta}}=\boldsymbol{X}'\boldsymbol{R}^{-1}\boldsymbol{y}$$

此方程组被称为广义最小二乘方程组。

②广义最小二乘方程组的矩阵表达式。假设有混合模型：$\boldsymbol{y}=\boldsymbol{X\beta}+\boldsymbol{Zu}+\boldsymbol{e}$，并有 $\boldsymbol{E}(\boldsymbol{u})=\boldsymbol{0}$，$\boldsymbol{E}(\boldsymbol{e})=0$，$\mathrm{Var}(\boldsymbol{u})=\boldsymbol{G}$，$\mathrm{Var}(\boldsymbol{e})=\sigma^2\boldsymbol{R}$，$\mathrm{Cov}(\boldsymbol{u},\boldsymbol{e}')=\boldsymbol{0}$。

这里可将随机效应 $\boldsymbol{u}$ 和随机误差 $\boldsymbol{e}$ 视为一体，即令 $\boldsymbol{Zu}+\boldsymbol{e}=\boldsymbol{e}^*$，则混合模型可写成 $\boldsymbol{y}=\boldsymbol{X\beta}+\boldsymbol{e}^*$，这时有：

$$\begin{aligned}\mathrm{Var}(\boldsymbol{y})&=\mathrm{Var}(\boldsymbol{e}^*)=\mathrm{Var}(\boldsymbol{Zu})+\mathrm{Var}(\boldsymbol{e})\\&=\boldsymbol{ZGZ}'+\sigma^2\boldsymbol{R}\\&=\sigma^2(\boldsymbol{ZGZ}'/\sigma^2+\boldsymbol{R})\end{aligned}$$

再令 $\boldsymbol{ZGZ}'/\sigma^2+\boldsymbol{R}=\boldsymbol{R}^*$，则有 $\mathrm{Var}(\boldsymbol{y})=\sigma^2\boldsymbol{R}^*$。

此时，混合模型和固定模型就成为同一类型方程，其广义最小二乘方程组为：

$$\boldsymbol{X}'(\boldsymbol{R}^*)^{-1}\boldsymbol{X}\tilde{\boldsymbol{\beta}}=\boldsymbol{X}'(\boldsymbol{R}^*)^{-1}\boldsymbol{y}$$

总之，不论哪种模型、不论观测值的方差-协方差矩阵是何种形式，只要有 $\boldsymbol{E}(\boldsymbol{y})=\boldsymbol{X\beta}$、$\mathrm{Var}(\boldsymbol{y})=\boldsymbol{V}$ 成立，总有如下广义最小二乘方程组：

$$\boldsymbol{X}'\boldsymbol{V}^{-1}\boldsymbol{X}\tilde{\boldsymbol{\beta}}=\boldsymbol{X}'\boldsymbol{V}^{-1}\boldsymbol{y}$$

求解得 $\tilde{\boldsymbol{\beta}}=(\boldsymbol{X}'\boldsymbol{V}^{-1}\boldsymbol{X})^{-}\boldsymbol{X}'\boldsymbol{V}^{-1}\boldsymbol{y}$。

2. 个体动物模型 BLUP 法

BLUP 法由 Henderson（美国）在 1948 年提出，1950 年又提出在不计算 $\boldsymbol{V}^{-1}$ 的情况下，通过建立（构造）如下混合模型方程组可以同时估计固定效应以及预测随机效应，这两个解分别是固定效应的广义最小二乘估计值（BLUE）和随机效应的最佳线性无偏预测值（BLUP）。

$$\begin{bmatrix}\boldsymbol{X}'\boldsymbol{R}^{-1}\boldsymbol{X} & \boldsymbol{X}'\boldsymbol{R}^{-1}\boldsymbol{Z}\\ \boldsymbol{Z}'\boldsymbol{R}^{-1}\boldsymbol{X} & \boldsymbol{Z}'\boldsymbol{R}^{-1}\boldsymbol{Z}+\boldsymbol{G}^{-1}\end{bmatrix}\begin{bmatrix}\hat{\boldsymbol{\beta}}\\ \hat{\boldsymbol{u}}\end{bmatrix}=\begin{bmatrix}\boldsymbol{X}'\boldsymbol{R}^{-1}\boldsymbol{y}\\ \boldsymbol{Z}'\boldsymbol{R}^{-1}\boldsymbol{y}\end{bmatrix}$$

在实际应用中常假设随机误差间相互独立，有：$\mathrm{Var}(\boldsymbol{e})=\boldsymbol{R}=\boldsymbol{I}\sigma_e^2$，$\mathrm{Var}(\boldsymbol{u})=\boldsymbol{G}=\boldsymbol{A}\sigma_u^2$，$\boldsymbol{A}$ 为分子亲缘相关矩阵。故上式可以简化为：

$$\begin{bmatrix}\boldsymbol{X}'\boldsymbol{X} & \boldsymbol{X}'\boldsymbol{Z}\\ \boldsymbol{Z}'\boldsymbol{X} & \boldsymbol{Z}'\boldsymbol{Z}+\boldsymbol{A}^{-1}\boldsymbol{k}\end{bmatrix}\begin{bmatrix}\hat{\boldsymbol{\beta}}\\ \hat{\boldsymbol{u}}\end{bmatrix}=\begin{bmatrix}\boldsymbol{X}'\boldsymbol{y}\\ \boldsymbol{Z}'\boldsymbol{y}\end{bmatrix}$$

当一个模型中的随机遗传效应为该个体本身的加性遗传值（育种值）时，称此模型为加性遗传值模型，也是个体动物模型。这种模型的一般形式为：

$$\boldsymbol{y}=\boldsymbol{Xb}+\boldsymbol{Za}+\boldsymbol{e}$$

同时假设有：$\boldsymbol{E}(\boldsymbol{y})=\boldsymbol{Xb}$，$\boldsymbol{E}(\boldsymbol{a})=\boldsymbol{E}(\boldsymbol{e})=\boldsymbol{0}$，$\mathrm{Var}(\boldsymbol{e})=\boldsymbol{R}=\boldsymbol{I}\sigma_e^2$，$\mathrm{Cov}(\boldsymbol{a},\boldsymbol{e})=\mathrm{Cov}(\boldsymbol{e},\boldsymbol{a})=0$，$\boldsymbol{A}$ 为分子亲缘相关矩阵。混合模型方程组为：

$$\begin{bmatrix}\boldsymbol{X}'\boldsymbol{X} & \boldsymbol{X}'\boldsymbol{Z}\\ \boldsymbol{Z}'\boldsymbol{X} & \boldsymbol{Z}'\boldsymbol{Z}+\boldsymbol{A}^{-1}\alpha\end{bmatrix}\begin{bmatrix}\hat{b}\\ \hat{a}\end{bmatrix}=\begin{bmatrix}\boldsymbol{X}'\boldsymbol{y}\\ \boldsymbol{Z}'\boldsymbol{y}\end{bmatrix}$$

其中 $\alpha=\sigma_e^2/\sigma_a^2$，或者 $\alpha=(1-h^2)/h^2$。

单性状动物模型 BLUP 法的例子已在实验 13 中有过介绍。以下简要介绍两性状动物模型 BLUP 法。

例如，有如下两性状（绒山羊的产绒量和体重）的数据（附表 6-2），试列出计算两性状综合育种值的混合模型方程组。

附表 6-2　5 只绒山羊的产绒量和体重

个体	性状 1(产绒量)/g	性状 2(体重)/kg
1	450	25.5
2	460	30.0
3	500	32.0
4	550	36.0
5	500	32.5

可对这两个性状分别建立模型：

产绒量的模型为 $y_{i1}=\mu_1+a_{i1}+e_{i1}$，体重的模型为 $y_{i2}=\mu_2+a_{i2}+e_{i2}$。

当用 BLUP 法同时估计个体的两性状育种值时，可将这两个模型合并为一个模型，并用矩阵形式表示：

$$\boldsymbol{y}=\boldsymbol{X\beta}+\boldsymbol{Za}+\boldsymbol{e}$$

同时假设有：$\boldsymbol{E}(\boldsymbol{y})=\boldsymbol{X\beta}$，$\boldsymbol{E}(\boldsymbol{a})=\boldsymbol{E}(\boldsymbol{e})=\boldsymbol{0}$。

观测值向量 $\boldsymbol{y}$ 不是以性状排序，而是以个体排序。不考虑个体间血缘相关时假设：

$$\mathrm{Var}(\boldsymbol{a})=\boldsymbol{G}=\boldsymbol{I}_n\otimes\boldsymbol{G}_0$$

$$\boldsymbol{G}_0=\mathrm{Var}(\boldsymbol{a}_{1i},\boldsymbol{a}_{2i})=\begin{bmatrix}\sigma_{a1}^2 & \sigma_{a12}\\ \sigma_{a21} & \sigma_{a2}^2\end{bmatrix}$$

$$\mathrm{Var}(\boldsymbol{e})=\boldsymbol{R}=\boldsymbol{I}_n\otimes\boldsymbol{R}_0$$

$$\boldsymbol{R}_0 = \mathrm{Var}(\boldsymbol{e}_{1i}, \boldsymbol{e}_{2i}) = \begin{bmatrix} \sigma_{e1}^2 & \sigma_{e12} \\ \sigma_{e21} & \sigma_{e2}^2 \end{bmatrix}$$

$$\boldsymbol{G}_0 = \begin{bmatrix} \sigma_{a1}^2 & \sigma_{a12} & & & & \\ \sigma_{a21} & \sigma_{a2}^2 & & & & \\ & & \cdots & & 0 & \\ & & & \cdots & & \\ & & 0 & & \cdots & \\ & & & & & \sigma_{a1}^2 & \sigma_{a12} \\ & & & & & \sigma_{a21} & \sigma_{a2}^2 \end{bmatrix}_{10\times 10}$$

$$\boldsymbol{R}_0 = \begin{bmatrix} \sigma_{e1}^2 & \sigma_{e12} & & & & \\ \sigma_{e21} & \sigma_{e2}^2 & & & & \\ & & \cdots & & 0 & \\ & & & \cdots & & \\ & & 0 & & \cdots & \\ & & & & & \sigma_{e1}^2 & \sigma_{e12} \\ & & & & & \sigma_{e21} & \sigma_{e2}^2 \end{bmatrix}_{10\times 10}$$

将数据代入模型 $\boldsymbol{y}=\boldsymbol{X\beta}+\boldsymbol{Za}+\boldsymbol{e}$：

$$\begin{bmatrix} 450 \\ 25.5 \\ 460 \\ 30.0 \\ 500 \\ 32.0 \\ 550 \\ 36.0 \\ 500 \\ 32.5 \end{bmatrix} = \begin{bmatrix} 1 & 0 \\ 0 & 1 \\ 1 & 0 \\ 0 & 1 \\ 1 & 0 \\ 0 & 1 \\ 1 & 0 \\ 0 & 1 \\ 1 & 0 \\ 0 & 1 \end{bmatrix} \begin{bmatrix} \mu_1 \\ \mu_2 \end{bmatrix} + \begin{bmatrix} 1 & 0 & & & & & & & & \\ 0 & 1 & & & & & & & & \\ & & 1 & 0 & & & & 0 & & \\ & & 0 & 1 & & & & & & \\ & & & & 1 & 0 & & & & \\ & & & & 0 & 1 & & & & \\ & & & & & & 1 & 0 & & \\ & & 0 & & & & 0 & 1 & & \\ & & & & & & & & 1 & 0 \\ & & & & & & & & 0 & 1 \end{bmatrix} \begin{bmatrix} a_{11} \\ a_{12} \\ a_{21} \\ a_{22} \\ a_{31} \\ a_{32} \\ a_{41} \\ a_{42} \\ a_{51} \\ a_{52} \end{bmatrix} + \begin{bmatrix} e_{11} \\ e_{12} \\ e_{21} \\ e_{22} \\ e_{31} \\ e_{32} \\ e_{41} \\ e_{42} \\ e_{51} \\ e_{52} \end{bmatrix}$$

列出混合模型方程组为：

$$\begin{bmatrix} X'R^{-1}X & X'R^{-1}Z \\ Z'R^{-1}X & Z'R^{-1}Z+G^{-1} \end{bmatrix} \begin{bmatrix} \hat{\beta} \\ \hat{a} \end{bmatrix} = \begin{bmatrix} X'R^{-1}y \\ Z'R^{-1}y \end{bmatrix}$$

3. BLUP 法的应用

关于内蒙古白绒山羊单性状和两性状育种值的具体计算见参考文献[17]。

4. 育种值计算软件简介

基于 REML 的解决混合模型方程和方差组分估计的育种统计分析软件有很多，每个软件都有其特点和应用范围。同样的数据资料，若采用不同的方法和统计软件，则会产生不同的结果。因此，在实践中，要根据具体的数据资料和实际情况选用合适的分析方法。

1）MTDFREML

MTDFREML（multiple traits derivative free restricted maximum likelihood），即多性状、非求导约束最大似然法。DFREML 是由 Meyer（1989）开发的，是第一个应用非求导约束最大似然法原理估测方差组分的软件包，它是别的软件包进行比较的标准。其特点是用似然比率检验来验证方差估计值的显著性，并且它是唯一一个有子程序说明的软件包。DFREML 只支持 10 种数学模型，它包含了常用的和重要的模型，是目前动物育种中重要的应用软件。Boldman 等（1993）在 DFREML 的基础上编制了 MTDFREML，并于 1995 年作了修改。和 DFREML 相比较，MTDFREML 可以处理更多的数学模型，易于安装和使用，同时包含了大量的应用实例和背景信息，现已广泛应用于动物遗传育种中。

MTDFREML 软件包含三个可执行程序：MTDFNRM. EXE——求分子亲缘系数矩阵及其逆矩阵；MTDFPREP. EXE——用于混合模型方程组的建立；MTDFRUN. EXE——实现方差（协方差）组分及个体育种值的计算过程。三个子程序的运行关系如附图 6-1 所示。

2）DMU

DMU（Jensen & Madsen，1993）是一个全面的集合程序，在丹麦主要用于研究和程序评估。由于在每一次分析中需要模糊的参数文件和连续使用同一文件，程序运行比较困难。该软件还在不断地修改、完善。

3）BLUPF90 和 WOMBAT

BLUPF90 和 WOMBAT 分别是由美国佐治亚大学和澳大利亚新英格兰大学开发的计算育种值的应用程序，通过约束最大似然（REML）来拟合线性混合模型。这两个软件均可免费下载安装和使用：可登录 http://nce. ads. uga. edu/software 下载安装 BLUPF90，可登录 http://agbu. une. edu. au/products. html 下载安装

WOMBAT。关于 WOMBAT，在附录 7 中将详细介绍其使用方法。

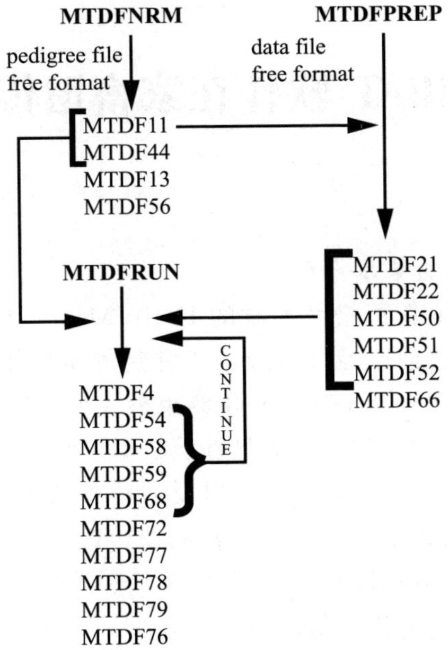

附图 6-1　MTDFREML 三个子程序的运行关系

附录 7　WOMBAT 软件在家畜遗传评估中的应用

1. WOMBAT 软件的基本介绍

该软件是由澳大利亚新英格兰大学的 Karin Meyer 于 2006 年开发整理出版的，此后逐渐更新完善，目前已经可以应用于常规的基因组学分析，包括基因组选择和全基因组关联分析。WOMBAT 利用约束最大似然法(REML)拟合线性动物模型，用于分析呈连续性正态分布的数量性状数据。它以数量遗传学为基础，主要应用于随机效应方差-协方差组分的估计以及遗传参数的估计。它可以拟合简单的动物模型，分析大量的数据并应用于家畜的遗传改良。通过拟合简单的广义线性模型，分别获得固定效应和随机效应的 BLUE 和 BLUP 估计值。除此之外，它可以利用模拟数据来解析遗传评估的原理与方法。WOMBAT 用于遗传评估的参数文件只有一个，包括输入数据文件的命名、布局和(协)方差的初始值设定。可用于分析单性状、多性状和随机回归分析。在默认的分析中，先使用 PX-EM 算法，然后再转到平均信息约束最大似然法(AI-REML)。计算的速率和需要的内存取决于混合模型中构建结构矩阵的复杂程度。该软件自 2006 年发布以来，已经广泛应用于各大畜禽的遗传评估育种工作中。它既可以估计各随机效应的方差和协方差成分，也可以估计各性状的遗传力、重复力以及实现多性状间遗传相关的计算。本附录将以家畜常用的性状为例，描述运用 WOMBAT 进行单性状无重复力和重复力动物模型、双性状无重复力和重复力动物模型的遗传评估分析，方便学生的学习应用。

2. 软件的基本构成

该遗传评估软件的基本构成包含 5 部分：数据文件、系谱文件、参数文件、日志文件和运行程序文件(附图 7-1A)。系谱文件由个体耳号、父本耳号和母本耳号构成(附图 7-1B)。数据文件通常包含个体耳号、固定效应(测定年份、场地、年龄、性别等)、随机环境效应(个体永久环境效应和母体环境效应)。以体重为例，由附图 7-1C 显示，第一列为个体耳号，第二列为固定效应(性别)(如果还考虑其他效应，可以继续追加在第二列之后)，第三列为观测表型值。参数文件包含分析类型、系谱文件、数据文件、模型参数和初始值的设定等信息(附图 7-1D)。日志文件用于查找程序运行过程中出错的地方以方便改正。在系谱文件、数据文件和参数文件均整理好的情况下，运行程序文件可以获得所需要的结果。

A 评估所需文件构成

```
pedi.dat
1    0    0
2    0    0
3    0    0
4    1    0
5    3    2
6    1    2
7    4    5
8    3    6
```

B 系谱文件

```
wt.dat
4    1    29
5    2    35
6    2    28
7    1    30
8    1    31
```

C 数据文件

```
COM   univariate analysis

PED   pedi.dat
DAT   wt.dat
  animal
  sex   2
  wt
END

ANAL UNI

MODEL
  FIX sex
  RAN animal   nrm
  trait wt
END MOD

VAR animal 1
  20
VAR residual 1
  40
```

D 参数文件

附图 7-1　WOMBAT 遗传评估软件的基本构成

3. 文件的建立

参数文件建立的一般原则：WOMBAT 参数文件的扩展名为. par，默认的参数文件名为 wombat. par，用户也可以自定义文件名。参数文件设定的具体要求及规则见附表 7-1，参数文件每行不超过 78 个字符；第 1 行为 # 的语句为说明语句，不执行运算；文件名和变量名的长度分别不超过 30 个和 20 个字符，且对大小写均敏感；每行开始都通过特定的代码区分不同类型的信息，代码与随后信息间以空格分开，代码对大小写不敏感。

附表 7-1　WOMBAT 参数文件有效代码

代码	模块	语句说明	缩写
COMMENT	—	注释行	COM

续附表 7-1

代码	模块	语句说明	缩写
PEDS	—	系谱文件名	PED
DATA	—	数据文件名	DATA
TRNOS	DAT	性状数(成组输入时)	TRN
NAMES	DAT	多列名(成组输入时)	NAM
ANALYSIS	—	分析类型代码	ANA
MODEL	—	分析模型	MOD
* FIX	MOD	固定效应	
COV	MOD	协变量效应	
* RAN	MOD	随机效应	
RCC	MOD	控制变量	
EXT	MOD	额外变量	
* TRAIT	MOD	性状	TR
ZEROUT		设置为零的固定效应水平	ZER
PESEUDOFX		作为固定效应的随机效应水平	PSE
SE+USER		用户定义的协方差函数	SE+
SUM	SE+	加权和	
VAR	SE+	方差比	
COR	SE+	相关系数	
VARIANCE	—	随机效应的方差-协方差	VAR
* RESIDUAL	—	残差方差-协方差	RES
ERROR	—	误差方差-协方差	ERR
END		结束语句	

确定分析类型:以 ANALYSIS(或 ANA)开始,在代码 ANA 后输入分析类型代码(UNI、MUV、RR、MRR),其中 UNI、MUV、RR 和 MRR 分别代表单性状动物模型、多性状动物模型、单变量随机回归模型和多变量随机回归模型。如果分析类型是多性状模型(MUV 或 MRR),则其后必须给出性状数。

指定系谱文件:以 PEDS(PED)开始,这一步在对随机效应的协方差结构指定 NRM(分子亲缘相关矩阵)代码后是必需的;如果配合公畜模型,文件名后还需给出 SIREMODEL(SIR)代码。

确定数据文件和描绘数据结构:该部分作为参数文件的 1 个模块,以代码 DA-

TA(或 DAT)开始,其后为数据文件名;如果为多个性状,在文件名后还需给出代码 GRP,以 TRNOS(或 TRN)开始的起始行,同行给出性状数;数据文件的每一行给出一个变量,各行包括变量名和最大水平数;各性状的名称在代码 NAMES 后,同行以空格分隔;最后以代码 END 结束该模块的输入。

确定遗传评估模型:参数文件内的模型部分同样为 1 个模块,以代码 MODEL(或 MOD)开始;模型中所配合的每个效应和每个分析性状分别由一个参数文件行说明。效应行包含效应类型代码(FIX、RAN 等,FIX 和 RAN 分别指固定效应和随机效应),可以是一个也可以是多个,后跟效应的名称,如性别的缩写(Fix sex),每一个效应名称后面写性状顺序号;随机效应行后除跟随机效应名称,还应给出协方差的有效代码(NRM、IDE、GIN、PEQ)分析的性状, NRM 指加性遗传效应,其余三个均用于指定永久环境效应,IDE 要求在个体有重复记录的情况下使用,GIN 需要提供逆矩阵,应用相对较少,PEQ 可用于母体永久环境效应分析;每行给出 1 个性状,包含性状代码 TRAIT(或 TR)、性状名、性状顺序号;最后以代码 END 结束该模块的输入。

方差-协方差初始值确定:方差-协方差模块用于给出所有随机效应的初始值。该模块的每个随机效应分别由其子模块说明,每个子模块的第一行由代码 VAR、效应名、性状数组成。初始值的个数由性状数决定,即如果有 n 个性状,则其需要赋值的初始值个数为$\frac{n(n+1)}{2}$。

4. 系谱文件的建立

文件长度不超过 30 个字符;数据文件中的每个个体在系谱文件中必须占一行。每行应有 3 个整型变量组成,分别为个体号、父亲号、母亲号。所有编号必须介于 0~2147483647 内的有效整数,从数值上讲,个体耳号必须大于亲本耳号。未知亲本可编码为“0”。如果模型中配合了母体遗传效应,数据文件中涉及的所有个体母亲必须已知。为加快计算速度,减少处理时间,系谱文件最好排序。

5. 数据文件的建立

文件名长度不超过 30 个字符;文件中的变量应具有固定列宽,以空格分开,所有效应(固定、随机等)的编码必须以正的整数型变量,即由数字串组成。所有性状的观测值和协变量应为实型变量,对于多性状分析,性状序号应在第一列给出,缺失数据用空格表示;数据文件必须以升序形式排列,先排个体,后排个体内性状,个体和性状号内根据控制变量的值排序(随机回归)。

6. 执行文件的输入

WOMBAT 执行文件由一个程序组成,整合了平均信息(AI)算法、期望最大化(EM)算法、参数扩展的(PX-EM)算法以及非求导(DF)算法。执行文件运行的基本选项见附表 7-2。

附表 7-2　执行文件运行的基本选项

选项	目的	选项	目的
-c	继续运行	-t	简明屏幕输出
-v	动态屏幕输出	-best	初始值最佳设定值
-d	详细屏幕输出	-blup	育种值输出

7. 应用举例

遗传评估常见的动物模型有单性状无重复力和重复力动物模型、多性状无重复力和重复力动物模型。无重复力和重复力动物模型的区别在于有无个体重复记录值,单性状和多性状动物模型的区别在于数据文件的排布和参数文件的设置。单性状动物模型主要用于方差组分、遗传力和重复力的计算,多性状动物模型主要用于遗传相关的计算。下面以实例展示单性状无重复力动物模型、单性状重复力动物模型和多性状无重复力动物模型,介绍 WOMBAT 软件在家畜育种中的具体应用。

(1)单性状无重复力动物模型

以绒山羊断奶前增重(WWG)的遗传评估为例,系谱文件、数据文件和参数文件设置见附图 7-2。

```
pedi.dat
1    0    0
2    0    0
3    0    0
4    1    0
5    3    2
6    1    2
7    4    5
8    3    6
```

```
wwg.dat
4    1    2.6
5    2    0.1
6    2    1.0
7    1    3.0
8    1    0.1
```

```
COM   univariate analysis
PED   pedi.dat
DAT   wwg.dat
  animal
  sex   2
  wwg
END
ANAL UNI
MODEL
  FIX sex
  RAN animal   nrm
  trait wwg
END MOD
VAR animal 1
  20
VAR residual 1
  40
```

附图 7-2　单性状无重复力动物模型文件的建立

(2)单性状重复力动物模型

以 5 只绒山羊产绒量的数据集为例,估计该性状的方差组分,系谱文件、数据文件和参数文件设置见附图 7-3。

pedi.dat

1	0	0
2	0	0
3	0	0
4	1	2
5	3	2
6	1	5
7	3	4
8	1	7

cy.dat

4	1	1	4	801
4	2	3	4	880
5	1	1	5	750
6	1	2	6	760
6	2	3	6	790
7	1	1	7	780
7	2	3	7	850
8	1	2	8	885
8	2	4	8	900

```
COM univariatePE analysis
PED    pedi.dat
DAT    cy.dat
   animal
   pari   2
   hys 4
   animalpe 999
   fat
END
ANAL UNI
MODEL
   FIX pari
   FIX hys
   RAN animal    nrm
   RAN animalpe IDE
   trait cy
END MOD
VAR animal 1
   20
VAR animalpe 1
   12
VAR residual 1
   28
```

附图 7-3 单性状重复力动物模型文件的建立

(3)多性状无重复力动物模型

利用两性状动物模型估计绒山羊个体断奶前增重(WWG)和断奶后增重(PWG)的遗传参数,系谱文件、数据文件和参数文件见附图 7-4。

```
pedi.dat
1    0    0
2    0    0
3    0    0
4    1    0
5    3    2
6    1    2
7    4    5
8    3    6
```

```
Multi.dat
1   4   1   4.5
2   4   1   6.8
1   5   2   2.9
2   5   2   5.0
1   6   2   3.9
2   6   2   6.8
1   7   2   3.5
2   7   2   6.0
1   8   2   5.0
2   8   2   7.5
```

```
COM bivariate analysis
ANAL muv
PED   pedi.dat
DAT   multi.dat GRP
  TRN 1 2
  traitno
  animal
  sex   2
  nam wwg pwg
END
MODEL
  FIX sex 1 2
  RAN animal   nrm 1 2
  trait wwg 1
  trait pwg 2
END MOD
VAR animal   2
  20   18   40
VAR residual 2
  40 11 30
```

附图 7-4　两性状无重复力动物模型文件的建立